项目一　制作光报警器

【任务描述】

　　声光报警器在现实生活中应用非常广泛，本任务就利用单片机端口控制一个 LED 发光二极管，实现光报警，通过本任务可了解什么是单片机和单片机最小系统及单片机应用系统的制作过程。

【技能目标】

1. 掌握单片机最小系统电路及其作用。
2. 了解发光二极管原理并测试发光二极管。
3. 能够搭建单片机最小系统电路点亮单个彩灯。
4. 熟练使用 Proteus 和 Keil 软件进行电路软硬联调。

【知识链接】

一、进位计数制

　　所谓进位计数制是指按照进位的方法进行计数的数制，简称进位制。在计算机中主要采用的数制是二进制，同时在计算机中还存在八进制、十进制、十六进制的数据表示法。下面先来介绍一下进制中的基本概念。

　　1. 基数

　　数制是以表示数值所用符号的个数来命名的，表明计数制允许选用的基本数码的个数称为基数，用 R 表示。例如：二进制数，每个数位上允许选用 0 和 1，它的基数 R＝2；十六进制数，每个数位上允许选用 1、2、3、…、9、A、…、F 共 16 个不同数码，它的基数 R＝16。

　　2. 权

　　在进位计数制中，一个数码处在数的不同位置时，它所代表的数值是不同的。每一个数位赋予的数值称为位权，简称权。

　　权的大小是以基数 R 为底，数位的序号 i 为指数的整数次幂，用 i 表示数位的序号，用 R^i 表示数位的权。例如，543.21 各数位的权分别为 10^2、10^1、10^0、10^{-1} 和 10^{-2}。

　　3. 进位计数制的按权展开式

　　在进位计数制中，每个数位的数值等于该位数码与该位的权之乘积，用 K_i 表示第 i 位的系数，则该位的数值为 $K_i R^i$。任意进位制的数都可以写成按权展开的多项式和的形式。

二、常用的几种进制

在计算机中常用的几种进制是：二进制、十进制和十六进制。二进制数的区分符用字母 B 表示，十进制数的区分符用字母 D 表示或不加区分符，十六进制数的区分符用字母 H 表示。

1. 二进制（Binary System）

二进制数中，是按"逢二进一"的原则进行计数的。其使用的数码为 0、1，二进制数的基为"2"，权是以 2 为底的幂。

2. 十进制（Decimal System）

十进制数中，是按"逢十进一"的原则进行计数的。其使用的数码为 0、1、2、3、4、5、6、7、8、9，十进制数的基为"10"，权是以 10 为底的幂。

3. 十六进制（Hexadecimal System）

十六进制数中，是按"逢十六进一"的原则进行计数的。其使用的数码为 0、1、2、3、4、5、6、7、8、9、A、B、C、D、E、F，十进制数的基为"16"，权是以 16 为底的幂。

三、进位计数制相互转换

1. 二进制转换成十进制

转换原则：将二进制各位上的系数乘以对应的权，然后求其和。

举例：$(111.11)_B = (1 \times 2^2 + 1 \times 2^1 + 1 \times 2^0 + 1 \times 1^{-1} + 1 \times 1^{-2})_D = (7.75)_D$

2. 二进制转换成十六进制

转换原则：以小数点为中心，整数部分从右向左，小数部分从左向右，"四位一组，不足补零"。

举例：$(101010101.111)_B = (\underline{0001}\ \underline{0101}\ \underline{0101}.\underline{1110})_H = (\underline{1}\ \underline{5}\ \underline{5}.\underline{E})_H$

3. 十进制转换成 n（n=2，16）进制

转换原则：整数部分："除 n 取余倒着写"；

小数部分："乘 n 取整顺着写"，小数部分一般保留三位，末位"四舍五入"。

举例：$(18.55)_D = (12.852)_H$

$(18.75)_D = (10010.11)_B$

4. 十六进制转换成二进制

转换原则：将十六进制上每一位数码"一分为四"，即可得二进制。

举例：$(FEC.BA)_H = (\underline{1111}\ \underline{1110}\ \underline{1100}.\underline{1010}\ \underline{1001})_B$

5. 十六进制转换成十进制

转换原则：将十六进制各位上的系数乘以对应的权，然后求其和。

举例：$(12F.C)_H = (1 \times 16^2 + 2 \times 16^1 + 15 \times 16^0 + 12 \times 16^{-1})_D = (303.75)_D$

四、单片机的定义

1. 什么是单片机

单片机就是把中央处理器（CPU）、随机存储器（RAM）、只读存储器（ROM）、定时

技能型人才培养特色名校建设规划教材

单片机控制技术

主　编　李美菊　刘　敏　许艳梅

副主编　吴孝慧　王　振　许洪龙　叶云云　宋清龙

中国水利水电出版社
www.waterpub.com.cn

内 容 提 要

　　本书主要以典型案例为载体，通过具体的项目教学方式进行编写，包括制作光报警器、霓虹灯、航标灯、电子表、LED 点阵电子屏等项目，每个项目都以电子产品制作为主线，包括任务描述、技能目标、知识链接、任务实施、任务拓展（或知识拓展）、项目小结，由浅入深，条理清晰，既有相对应的理论知识介绍，又注重实践能力的培养。

　　本书既可以作为高职高专学生的单片机应用技术教材，也可以作为无线电爱好者学习单片机的入门读本。

图书在版编目（ＣＩＰ）数据

单片机控制技术 / 李美菊，刘敏，许艳梅主编. --
北京：中国水利水电出版社，2016.1（2018.7 重印）
技能型人才培养特色名校建设规划教材
ISBN 978-7-5170-3926-6

Ⅰ．①单… Ⅱ．①李… ②刘… ③许… Ⅲ．①单片微
型计算机－计算机控制－高等职业教育－教材 Ⅳ.
①TP368.1

中国版本图书馆CIP数据核字(2015)第314747号

策划编辑：石永峰	责任编辑：李 炎	封面设计：李 佳

书　　　名	技能型人才培养特色名校建设规划教材 **单片机控制技术**
作　　　者	主编 李美菊　刘　敏　许艳梅 副主编 吴孝慧　王　振　许洪龙　叶云云　宋清龙
出版发行	中国水利水电出版社 （北京市海淀区玉渊潭南路 1 号 D 座　100038） 网址：www.waterpub.com.cn E-mail：mchannel@263.net（万水） 　　　　 sales@waterpub.com.cn 电话：（010）68367658（发行部）、82562819（万水）
经　　　售	北京科水图书销售中心（零售） 电话：（010）88383994、63202643、68545874 全国各地新华书店和相关出版物销售网点
排　　版	北京万水电子信息有限公司
印　　刷	三河市铭浩彩色印装有限公司
规　　格	184mm×260mm　16 开本　10.25 印张　250 千字
版　　次	2016 年 1 月第 1 版　2018 年 7 月第 2 次印刷
印　　数	3001—6000 册
定　　价	22.00 元

前　　言

　　为落实"课岗证融通，实境化历练"人才培养模式改革，满足高等职业教育技能型人才培养的要求，更好地适应企业的需要，在山东省技能型人才培养特色名校建设期间，我校组织课程组有关人员和企业能工巧匠、技术人员编写了本教材。

　　本教材的编写贯彻了"以学生为主体，以就业为导向，以能力为核心"的理念，以及"实用、够用、好用"的原则，以典型案例为载体组织教材内容。本教材具有以下特色：

　　1. 以行动为导向，以工学结合人才培养模式改革与实践为基础，按照典型性、对知识和能力的覆盖性、可行性原则，遵循认知规律与能力形成规律，设计教学载体，梳理理论知识，明确学习内容，使学生在职业情境中"学中做、做中学"。

　　2. 打破传统教材按章节划分理论知识的方法，将理论知识按照相应教学载体进行重构，并对知识内容以不同方式进行层面划分，如任务描述、技能目标、知识链接、任务实施、任务拓展（或知识拓展）、项目小结等。通过任务的完成使学生学有所用、学以致用，与传统的理论灌输有着本质的区别。

　　3. 根据本课程的内容和实际教学情况，补充、更新教材内容，满足教学需要、提高教学质量，体现教材的灵活性。

　　随着科学技术的迅速发展，社会对技能型人才的要求也越来越高。作为培养技能型"双高"人才的高等职业技术学院，传统的教学模式及教材已不能完全适应现今教学要求。根据培养目标的需求，我们对教材内容进行了适当的调整，补充了一些新知识，图文并茂，内容丰富，注重培养学生的良好综合素质、实践能力和创新能力，使教材更规范、更实用。

　　本书由李美菊、刘敏、许艳梅主编，吴孝慧、王振、许洪龙、叶云云、宋清龙任副主编。博宁福田智能通道（青岛）有限公司肖银川参加编写，并担任主审。

　　由于时间仓促，编者水平有限，调研不够深入，书中仍难免有缺点和错误，诚恳地希望专家和广大读者批评指正。

编　者

2015 年 10 月

目　　录

器/计数器和各种输入/输出接口（I/O 接口）电路等部件集成在一块集成电路芯片上的微型计算机。单片机实际上是单片微型计算机（Single Chip Microcomputer）的简称。由于它的结构与指令功能都是按照工业控制要求设计的，故又称为微控制器（Micro-Controller Unit，简称 MCU）。

单片机实质上是一个芯片，其内部基本结构如图 1-1 所示。它具有结构简单、控制功能强、可靠性高、体积小、价格低等优点，广泛应用于工业控制、智能仪器仪表、尖端武器、家电设备、电子玩具、过程控制、自动监测等各个领域。

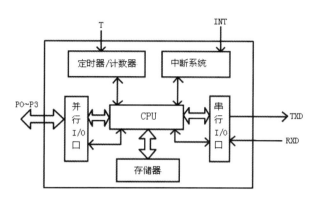

图 1-1　单片机内部基本结构

2．单片机应用系统的组成

单片机应用系统由硬件和软件两部分组成，二者缺一不可。硬件是应用系统的基础，软件是在硬件的基础上，对资源进行合理调配和使用，控制其按照一定顺序完成各种时序、运算或动作，从而实现应用系统所要求的任务。单片机应用系统的组成如图 1-2 所示。

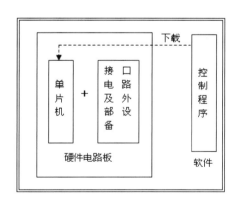

图 1-2　单片机应用系统组成

五、MCS-51 系列单片机

1．Intel 公司 MCS-51 系列单片机

本书以 AT89C51 单片机为研究对象。"89C51"源自 Intel 公司的 MCS-51 系列单片机，

目前所采用的 8x51 系列单片机并不仅限于 Intel 公司所生产，反倒是以其他厂商发行的兼容芯片为主，如 Atmel 公司的 89C51/89S51 系列。AT89C51 最大的特点是内部含有可多次重复编程的快速可擦写存储器 Flash ROM，其价格便宜、质量稳定、开发工具齐全，目前被广泛应用。

MCS-51 系列单片机的技术特点如下：

（1）基于 MCS-51 核的处理器结构。

（2）32 个 I/O 引脚。

（3）2 个定时/计数器。

（4）5 个中断源。

（5）128B（byte）内部数据存储器。

2．AT89C51 单片机外形及内部组成

AT89C51 单片机外形如图 1-3 所示。它有 40 个引脚，内部集成了 CPU、存储器和输入/输出接口等电路。其引脚排列如图 1-4 所示。

图 1-3　AT89C51 单片机外形图　　　　图 1-4　AT89C51 单片机的引脚排列图

MCS-51 单片机的内部组成如图 1-5 所示。下面介绍各部分的基本功能。

（1）中央处理器（CPU）：处理 8 位二进制或代码运算，完成运算和控制功能。采用 C 语言设计程序。

（2）内部数据存储器（128B RAM）：MCS-51 芯片共 256 个 RAM 单元，用户使用低 128 个单元，用于存放可读写数据，简称为内部 RAM。高 128 个单元被专用寄存器占用。

（3）内部程序存储器（4KB ROM）：MCS-51 共有 4KB 掩膜 ROM，用于存放程序、原始数据和表格，简称内部 ROM。

（4）定时/计数器：两个 16 位的定时/计数器，实现定时或计数功能。

（5）并行 I/O 口：4 个 8 位的 I/O 口 P0、P1、P2、P3，通过编程可以实现数据的并行输入/输出，从而接收外部信号或输出控制信号。

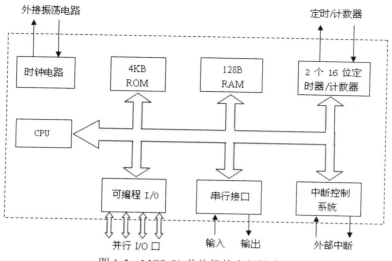

图 1-5　MCS-51 单片机的内部组成

（6）串行接口：一个全双工串行口，以实现单片机和其他设备之间的串行数据传送。

（7）中断控制系统：5 个中断源（外中断 2 个，定时/计数中断 2 个，串行中断 1 个）。

（8）时钟电路：可产生时钟脉冲序列，送给单片机内部电路，时钟信号频率越高，内部电路工作速度越快。

3.　AT89C51 的信号引脚

AT89C51 单片机采用标准 40 引脚双列直插式封装，引脚排列如图 1-4 所示。引脚功能如表 1-1 所示。

表 1-1　AT89C51 引脚功能

引脚名称	引脚功能
P0.0～P0.7	P0 口 8 位双向端口线
P1.0～P1.7	P1 口 8 位双向端口线
P2.0～P2.7	P2 口 8 位双向端口线
P3.0～P3.7	P3 口 8 位双向端口线
ALE	地址锁存控制信号
$\overline{PSEN}$	外部程序存储器读选通信号
$\overline{EA}$	访问程序存储控制信号
RST	复位信号
XTAL1 和 XTAL2	外接晶体引线端
V_{CC}	+5V 电源
V_{SS}	地线

对表 1-1 部分控制引脚进行一下说明：

（1）ALE：当访问外部存储器时，P0 口是 8 位数据线和低 8 位地址线复用引脚，ALE

用于把 P0 口低 8 位地址锁存起来,以实现低 8 位地址和数据隔离。在 FLASH 编程期间,ALE 端用于输入编程脉冲。在平时,ALE 端以不变的频率周期输出正脉冲信号,此频率为振荡器频率的 1/6。因此它可用作对外部输出的脉冲或用于定时目的。

(2)$\overline{PSEN}$:低电平有效时,可实现对外部 ROM 单元的读操作。

(3)$\overline{EA}$:当 $\overline{EA}$ 为低电平时,对 ROM 的读操作限定在外部程序存储器;当 $\overline{EA}$ 为高电平时,对 ROM 的读操作是从内部程序存储器开始的,并可延至外部程序存储器。此引脚通常与+5V 电源连接。

(4)RST:保持 RST 引脚连续两个机器周期以上的高电平时即为有效。

(5)XTAL1 和 XTAL2:外接晶体引线端,当使用芯片内部时钟时,两引脚用于外接石英晶体和微调电容;当使用外部时钟时,XTAL1 用于连接外部时钟脉冲信号,XTAL2 则悬空。

P3 口第二功能如表 1-2 所示。

表 1-2　P3 口各引脚第二功能

第一功能	第二功能	第二功能信号名称
P3.0	RXD	串行数据接收
P3.1	TXD	串行数据发送
P3.2	$\overline{INT0}$	外部中断 0 申请
P3.3	$\overline{INT1}$	外部中断 1 申请
P3.4	T0	定时/计数器 0 的外部输入
P3.5	T1	定时/计数器 1 的外部输入
P3.6	$\overline{WR}$	外部 RAM 或外部 I/O 写选通
P3.7	$\overline{RD}$	外部 RAM 或外部 I/O 读选通

六、单片机最小系统电路

一个烧录了用户程序的单片机芯片,给它上电后就能工作吗?显然不能工作!原因是除了单片机外,还要包括单片机能够工作的最小电路,通常称为单片机最小系统电路,此电路包括时钟电路和复位电路。时钟电路用于为单片机工作提供基本时钟,复位电路用于将单片机内部各电路的状态复位到初始值。

1. 单片机时钟电路

(1)单片机时钟信号的产生

单片机是一个复杂的同步时序电路,为了保证同步工作方式的实现,电路应在唯一的信号控制下严格地按时序进行工作。时钟电路用于产生单片机工作所需的时钟信号。在 AT89C51 单片机内部有一个高增益反相放大器,其输入引脚为 XTAL1,其输出引脚为 XTAL2。只要在 XTAL1 和 XTAL2 之间跨接晶体振荡器和微调电容,就可以构成一个稳定的自激振荡器,如图 1-6 所示。

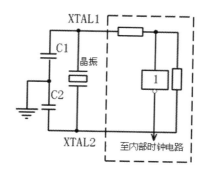

图 1-6　时钟振荡电路

通常情况下，使用晶体振荡频率为 6MHz 或 12MHz。一般地，电容 C1 和 C2 取 30pF，晶振频率为 12MHz；电容 C1 和 C2 取 22pF，晶振频率为 6MHz。晶体振荡频率越高，系统的时钟频率也越高，单片机的运行速度也就越快。串行通信时则一般采用振荡频率为 11.0592MHz 的晶振。

（2）时序

关于 MCS-51 系列单片机的时序概念有 4 个，可用定时单位来说明，从小到大依次是：节拍、状态、机器周期和指令周期，下面分别加以说明。

1）时钟周期（振荡周期）

输入时钟信号的周期称为时钟周期或振荡周期，也就是晶振的振荡频率 fosc 的倒数。

2）状态周期

振荡脉冲 fosc 经过二分频后，就是单片机时钟周期的 2 倍，定义为状态，用 S 表示。一个状态周期包含两个时钟周期。

3）机器周期

MCS-51 系列单片机采用定时控制方式，有固定的机器周期。规定一个机器周期的宽度为 6 个状态，即 12 个振荡脉冲周期，因此机器周期就是振荡脉冲的十二分频。

4）指令周期

最大的时序定时单位，执行一条指令所需要的时间称为指令周期。通常由 1 个或几个机器周期组成。

小提示：当振荡脉冲频率为 12MHz 时，一个机器周期为 1μs；当振荡脉冲频率为 6MHz 时，一个机器周期为 2μs。

2. 单片机复位电路

单片机刚开始接上电源，或是断电后、发生故障后都要复位。单片机复位是使 CPU 和系统中其他功能部件都恢复到一个确定的初始状态，并从这个状态开始工作。

单片机复位的条件是：必须使 RST 引脚加上持续两个机器周期以上的高电平。例如时钟频率为 12MHz，每个机器周期为 1μs，则需要加上持续 2μs 以上时间的高电平。单片机常见复位电路如图 1-7 所示。

上电复位电路，利用电容充电来实现复位。按键复位电路除了具有上电复位功能外，还可以按 RESET 键实现复位。

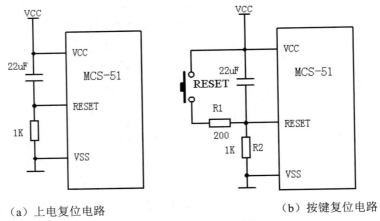

（a）上电复位电路　　　　　　　　　　　（b）按键复位电路

图1-7　单片机最小电路系统

七、发光二极管原理

发光二极管是由Ⅲ-Ⅳ族化合物，如 GaAs（砷化镓）、GaP（磷化镓）、GaAsP（磷砷化镓）等半导体制成的，其核心是 PN 结。因此它具有一般 P-N 结的 I-N 特性，即正向导通、反向截止、击穿特性。此外，在一定条件下，它还具有发光特性。在正向电压下，电子由 N 区注入 P 区，空穴由 P 区注入 N 区。一部分进入对方区域的少数载流子（少子）与多数载流子（多子）复合而发光，如图1-8所示。

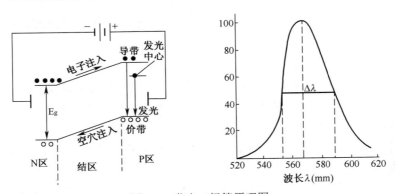

图1-8　发光二极管原理图

假设发光是在 P 区中发生的，那么注入的电子与价带空穴直接复合而发光，或者先被发光中心捕获后，再与空穴复合发光。除了这种发光复合外，还有些电子被非发光中心（这个中心介于导带、价带中间附近）捕获，而后再与空穴复合，每次释放的能量不大，不能形成可见光。发光复合量相对于非发光复合量的比例越大，光量子效率越高。由于复合是在少子扩散区内发光的，所以光仅在靠近 PN 结面数 μm 范围内产生。理论和实践证明，光的峰值波长 λ 与发光区域的半导体材料禁带宽度 Eg 有关，即 λ≈1240/Eg（mm），式中 Eg 的单位为电子伏特（eV）。若能产生可见光（波长在 380nm 紫光～780nm 红光），半导体材料的 Eg 应在 3.26～1.63eV 之间。比红光波长长的光为红外光。现在已有红外、红、黄、绿及蓝光发光二极管，但其中蓝光发光二极管成本、价格很高，使用不普遍。

　　发光二极管的颜色主要有三种，三种发光二极管的压降都不相同，具体压降参考值：红色发光二极管压降为 2.0～2.2V，黄色发光二极管压降为 1.8～2.0V，绿色发光二极管压降为 3.0～3.2V。正常发光时的额定电流约为 20mA。

八、发光二极管检测方法

　　发光二极管工作在正向区域，其正向导通（开启）工作电压高于普通二极管。外加正向电压越大，LED 发光越亮，但使用中应注意，外加正向电压不能使发光二极管超过其最大工作电流，以免烧坏管子。对发光二极管的检测方法主要采用万用表的 R×10k 挡，其测量方法及性能的好坏判断与普通二极管相同。

【任务实施】

1. 硬件接线（见图 1-9）

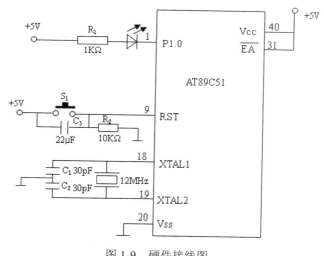

图 1-9　硬件接线图

2. 元器件选型（见表 1-3）

表 1-3　元器件清单

元器件名称	参数	数量	元器件名称	参数	数量
IC 插座	DIP40	1	弹性按键		1
单片机	AT89C51	1	电阻	1kΩ	1
晶体振荡器	12MHz	1	电阻	10kΩ	1
瓷片电容	30pF	2	电解电容	22μF	1
发光二极管		1			

3. 编写程序

要实现 LED 灯闪烁的效果，还必须在单片机芯片的内部存储器中下载预先编好的控制程序。因此，一个单片机应用系统由硬件系统和软件系统两部分组成，二者缺一不可。

先建立文件夹"Ex1"，然后建立"ex1"工程项目，最后建立源程序文件"ex1.c"。输入如下源程序：

```
//程序：ex1.c
//功能：点亮一个 LED 灯控制程序
#include <reg51.h>        //包含头文件 reg51.h，定义了 MCS-51 单片机的特殊功能寄存器
Sbit P1_0=P1^0;           //定义位名称
//函数名：delay
//函数功能：实现软件延时
void delay(unsigned int i)        //延时函数，无符号字符型变量 i 为形式参数
{
        unsigned int j,k;         //定义无符号整型变量 j 和 k
        for(k=0;k<i;k++)          //双重 for 循环语句实现软件延时
            for(j=0;j<124;j++);
}
void main()               //主函数
{
        while(1) {
          P1_0=0;
         delay(1000);
         P1_0=1;
         delay(1000);
         //信号灯闪烁
          }
}
```

┌───┐
│   **小知识**：用 C 语言编写的程序称为源程序。源程序必须经过编译、链接等操作，变│
│ 成目标程序，即二进制程序，单片机才能够直接执行。二进制程序也叫作机器语言程序，│
│ 即单片机能够直接执行的程序。   │
└───┘

4. 程序仿真与调试

将编写好的并已调试成功的源程序文件"ex1.c"编译后生成二进制文件即"ex1.hex"文件，此文件直接烧录到单片机芯片中，再将烧录好的单片机插入实验板上，通电运行即可看到实验结果。

5. 评价标准

	考核项目	考核内容	考核标准				得分
			A	B	C	D	
学习过程（30分）	单片机最小系统	正确搭建单片机最小系统	10	8	6	4	
	软件的使用	熟练使用编程和仿真软件	20	16	12	8	
操作能力（40分）	电路设计	元器件布局合理、美观，符合电子产品规范	10	8	6	4	
	硬件电路绘制	熟练运用 Proteus 软件绘制电路	10	8	6	4	
	程序设计与流程	程序模块划分正确，流程图符合规范、标准，程序编写正确	10	8	6	4	
	程序调试	调试过程有步骤、有分析，编程平台使用熟练	10	8	6	4	
实践结果（30分）	系统调试	达到设计所规定的功能和技术指标	10	8	6	4	
	故障分析	对调试过程中出现的问题能分析并解决	10	8	6	4	
	综合表现	学习态度、学习纪律、团队精神、安全操作等	10	8	6	4	
总分			100	80	60	40	
教师签名		学生签名		班级			

【知识拓展】

一、Keil C51 软件的使用

1. Keil C51 软件简介

Keil C51 软件是德国 Keil 公司开发的 51 系列单片机编程软件，也是目前最流行的开发 MCS-51 系列单片机的软件。Keil C51 提供了包括 C 编译器、宏汇编、链接器、库管理和一个功能强大的仿真调试器等在内的完整开发方案，并通过一个集成开发环境（μVision）将它们组合在一起。对于 C51 系列单片机开发来说掌握这一软件是必需的。

2. Keil C51 软件安装

打开安装文件夹，单击 setup 文件夹，双击 setup.exe 出现软件安装界面，如图 1-10 所示。具体步骤如下：

第一步：选择 Install Support....（全新安装）。

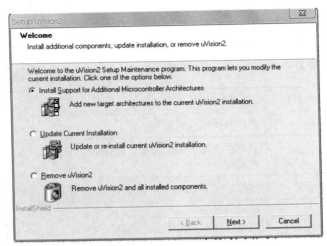

图 1-10　Keil C51 软件安装界面

第二步：出现安装版本对话框，如图 1-11 所示，单击 Full Version 按钮；弹出是否同意安装对话框，如图 1-12 所示，单击 Yes 按钮。

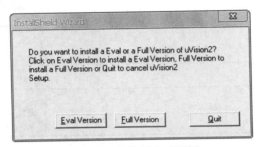

图 1-11　安装版本对话框

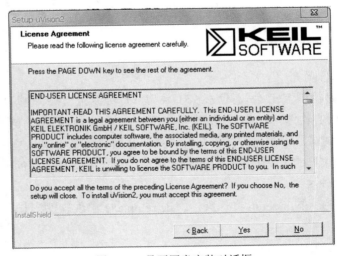

图 1-12　是否同意安装对话框

第三步：弹出安装目录对话框，如图 1-13 所示，选择安装目录，单击 Next 按钮。

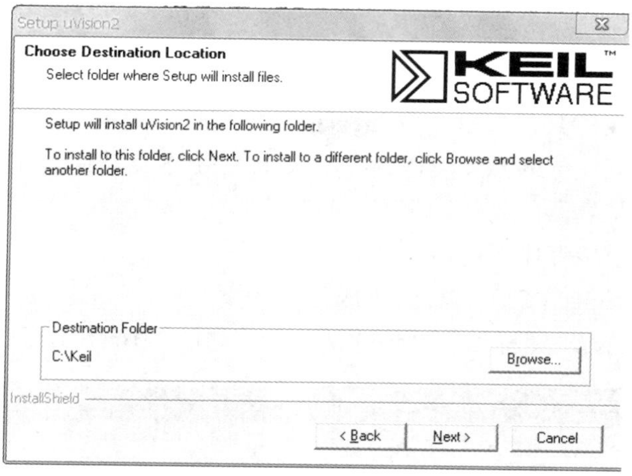

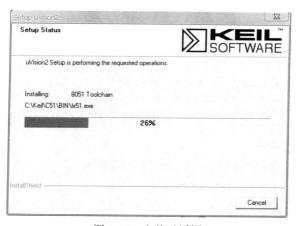

图 1-13　安装目录对话框

第四步：弹出安装对话框，如图 1-14 所示，单击 Next 按钮，一直进行下去，等待进度条结束，弹出安装完成对话框，如图 1-15 所示，单击 Finish 按钮安装完毕。

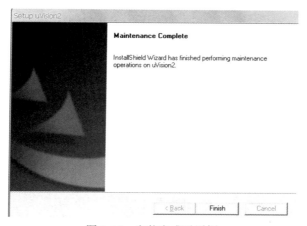

图 1-14　安装对话框

图 1-15　安装完成对话框

3. Keil C51 软件使用

Keil μVision2 集成开发环境是基于 89C51 内核的微处理器软件开发平台，内嵌多种符合当前工业标准的开发工具，可以完成工程建立和管理、编译、链接、目标代码的生成、软件仿真和硬件仿真等完整的开发流程。由于 Keil C51 本身是纯软件，还不能进行硬件仿真，必须挂接单片机仿真器的硬件才可以进行仿真。

Keil C51 软件使用步骤如下：

第一步：首先启动 Keil C51 软件的集成开发环境

从桌面上双击 μVision 图标以启动该软件，出现如图 1-16 所示窗口。

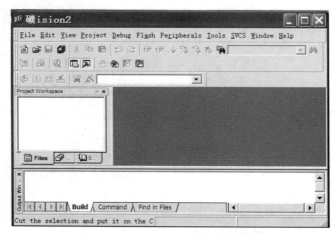

图 1-16　Keil C51 软件的集成开发环境

第二步：建立工程文件

Keil C51 使用工程（Project）这一概念，因此需要建立一个工程文件，并为这个工程选择 CPU，确定编译、汇编、链接的参数，指定调试的方式。

（1）新建项目

单击菜单 Project→New Project 命令，出现"Create New Project（新建工程）"对话框，如图 1-17 所示。在"保存在"下拉列表框中选择工程的保存目录，并在"文件名"文本框中输入工程名（例如"ex1"），不需要扩展名，单击"保存"按钮，出现如图 1-18 所示"Select Device for Target 'Target1'（为目标选择设备）"对话框。

图 1-17　Create New Project 对话框

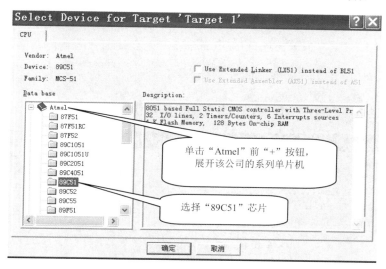

图 1-18　Select Device for Target 'Target1'对话框

设备选择结束后，在 μVision2 工作界面左边的项目管理器中新增加了一个"Target1"文件夹，如图 1-19 所示。

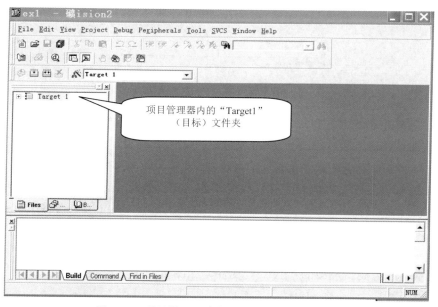

图 1-19　项目管理器中新增"Target1"文件夹

（2）新建源程序文件

单击菜单 File→New File 命令，新建一个默认名为"Text 1"的空白文档，输入如下 C 语言源程序，结果如图 1-20 所示。

//程序：ex1.c
//功能：控制一单灯程序
#include <reg51.h>　　　　　　//包含头文件 reg51.h，定义了 MCS-51 单片机的特殊功能寄存器

```
sbit P1_0=P1^0;          //定义位名称
void main()              //主函数
{
    P1_0=0;              //引脚输出低电平点亮信号灯
}
```

程序输入完毕后，单击 File→Save 命令，将其保存为"ex1.c"文件。

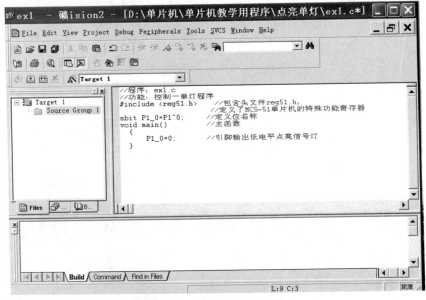

图 1-20　新建源程序文件

注意： 源程序后缀".c"必须手工输入，表示为 C 语言程序，让 Keil C51 采用对应 C 语言的方式来编译源程序。

（3）将新建的源程序文件加载到项目管理器

单击项目管理器中"Target1"文件夹旁边的"+"按钮，展开后在"Source Group 1"文件夹上单击鼠标右键，如图 1-21 所示，选择 Add Files to Group 'Source Group 1'命令，找到新建的"ex1.c"文件，然后单击 Add 按钮，"ex1.c"文件即被加入到项目中，单击 Close 按钮可以关闭该对话框，如图 1-22 所示。此时，在 Keil 软件的项目管理器的"Source Group 1"文件夹中可以看到新加载的"ex1.c"文件，如图 1-23 所示。

（4）编译程序

单片机不能处理 C 语言程序，必须将 C 程序转换为二进制或十六进制代码，这个转换过程称为汇编或编译。Keil C51 软件本身带有 C51 编译器，可将 C 程序转换成十六进制代码，即*.hex 文件。右击"Target 1"文件夹，从弹出的快捷菜单中选择 Options for Target 'Target'"命令，或者单击 按钮，弹出如图 1-24 所示 Options for Target 'Target 1'对话框。该对话框有 8 个选项卡，默认打开的是 Target 选项卡，本书只需在 Output 选项卡中选中 Create HEX File 复选框即可，最后单击"确定"按钮即完成设置。设计完成后单击 按钮，或执行菜单 Project→Rebuild all target files 命令，软件就开始对源程序进行编译，如图 1-25 所示。

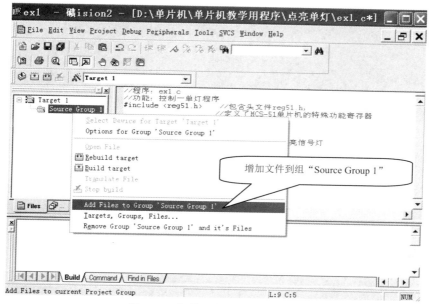

图 1-21　加载源程序文件的命令

图 1-22　在对话框中选择要添加的文件

图 1-23　"Source Group 1"文件夹下出现加载的文件

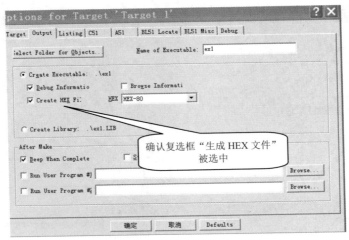

图 1-24　编译时生成十六进制文件 ".hex" 的设置

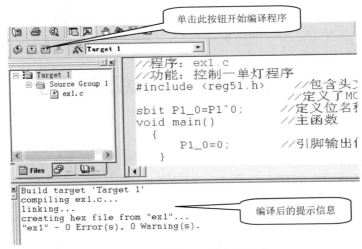

图 1-25　程序编译后的提示信息

二、Proteus 仿真软件的使用

1. Proteus 仿真软件介绍

为了验证所编程序的正确性，传统单片机开发软件仿真只能验证程序的正确性，不能仿真具体硬件环境，而单片机硬件实验板仿真则存在一定损坏率及安全性。Proteus 是英国 Labcenter Electronics 公司研发的模拟电路、数字电路、模/数混合电路的设计与仿真平台，它真正实现了在计算机上完成从原理图与电路设计、电路分析与仿真、单片机系统测试与功能验证到形成 PCB 的完整电子设计、研发过程，为单片机教学改革提供了很好的思路。

（1）Proteus 软件的界面

本书只介绍 Proteus 智能原理图输入系统（ISIS）的工作环境和基本操作。

单击 "开始" → "程序" → "Proteus 7 Professional" → "ISIS 7 Professional"，即可进入图 1-26 所示的 Proteus ISIS 的工作界面，它是一种标准的 Windows 界面。

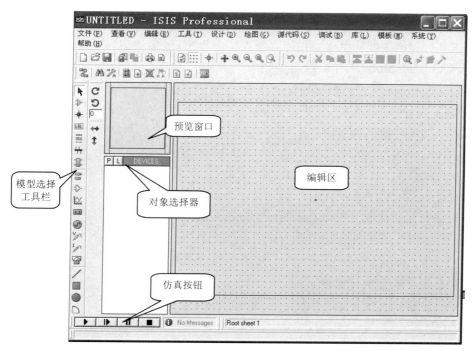

图 1-26　Proteus ISIS 的工作界面

1）原理图编辑区

原理图编辑区用来绘制原理图，它是各种电路、单片机系统的 Proteus 仿真平台。元器件要放到编辑区。原理图编辑区没有滚动条，可通过预览窗口改变原理图的可视范围。

2）对象选择器

对象选择器用来选择元器件、终端、图表、信号发生器和虚拟仪器等。如图 1-27 所示，当前模式为"选择元器件模式"，选中的元器件为"RES"，该元器件出现在预览窗口。单击"P"按钮可将选中的元器件放置到原理图编辑区。

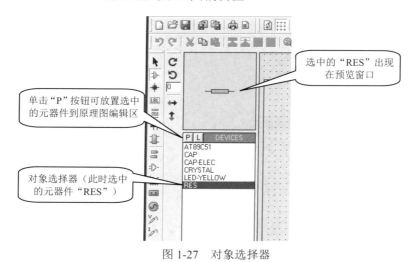

图 1-27　对象选择器

（2）模型选择工具栏

模型选择工具栏包括主要模型选择按钮、配件按钮和 2D 绘图按钮。

1）主要模型（Main Modes）

①选择元件（components）（默认选择的）

②放置连接点

③放置标签（绘制总线时会用到）

④放置文本

⑤用于绘制总线

⑥用于放置子电路

⑦用于即时编辑元件参数（先单击该图标再单击要修改的元件）

2）配件（Gadgets）

①终端接口（terminals）：有 VCC、地、输出、输入等接口

②器件引脚：用于绘制各种引脚

③仿真图表（graph）：用于各种分析，如 Noise Analysis

④录音机

⑤信号发生器（generators）

⑥电压探针：使用仿真图表时要用到

⑦电流探针：使用仿真图表时要用到

⑧虚拟仪表：有示波器等

3）2D 图形（2D Graphics）

①画各种直线

②画各种方框

③画各种圆

④画各种圆弧

⑤画各种多边形

⑥画各种文本

⑦画符号

⑧画原点等

（3）仿真工具栏

仿真控制按钮包括 　。

①运行

②单步运行

③暂停

④停止

2. Proteus 仿真操作步骤

以单片机点亮单灯任务为载体，介绍如何绘制仿真电路原理图。

（1）新建设计文件

　　打开 Proteus ISIS 的工作界面,单击菜单"文件"→"新建设计"命令,从中选择 DEFAULT 模板,单击 OK 按钮。然后设置好保存路径,在"文件名"框中输入"ex1"后,单击"保存"按钮,则文件自动保存为"ex1_1.DSN",完成新建设计文件的保存,如图 1-28 所示。

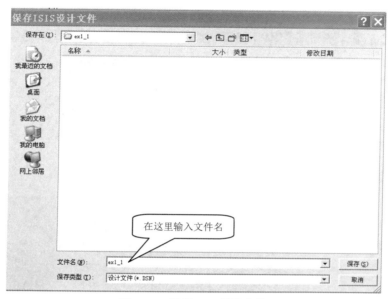

图 1-28　保存 ISIS 设计文件

　　(2) 从元件库中选取元器件

　　设计仿真电路时需要从元器件库中选择所需的元件,单击工作界面"P"按钮,弹出 Pick Devices 对话框,如图 1-29 所示。

图 1-29　Pick Devices 对话框

1）添加单片机

打开 Pick Devices 对话框，在"关键字"文本框中输入"AT89C51"，然后从"结果"
列表中选择所需的型号，如图 1-30 所示，单击"确定"按钮；或直接双击"结果"列表中
"AT89C51"可将元器件添加到对象选择器。

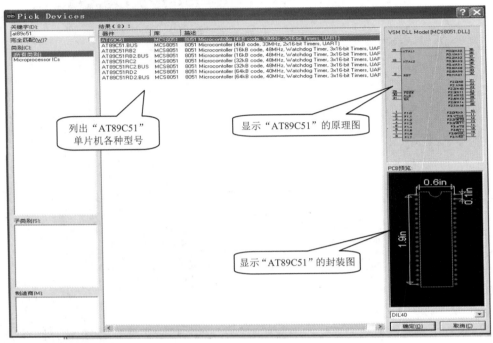

图 1-30　添加 AT89C51 单片机

2）添加电阻

打开 Pick Devices 对话框，在"关键字"文本框中输入"resistors 220r"，"结果"列表
中显示出各种功率的 220Ω 电阻，如图 1-31 所示，将"220R 0.6W"电阻添加到对象选择器。

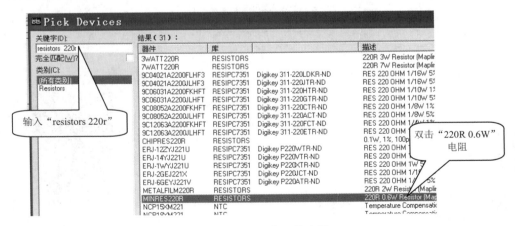

图 1-31　220R 0.6W 电阻的选择

用同样的方法添加 10kΩ 电阻（0.6W）到对象选择器。

3）添加发光二极管

打开 Pick Devices 对话框，在"关键字"文本框中输入"led-yellow"（黄色），"结果"列表中只有一种黄色发光二极管，双击该元器件，将其添加到对象选择器。

4）添加晶振

打开 Pick Devices 对话框，在"关键字"文本框中输入"crystal"，"结果"列表中只有一种晶振类型，双击该元器件，将其添加到对象选择器。

5）添加电容

打开 Pick Devices 对话框，在"关键字"文本框中输入"capacitors 30pF"，"结果"列表中列出了各种类型 30pF 的电容，任选一个"50V"电容，双击该元器件，将其添加到对象选择器。接着在"关键字"文本框中输入"capacitors 10μF"，"结果"列表中列出了各种类型 10μF 的电容，选择"50V Radial Electrolytic"圆柱形电解电容，双击该元器件，将其添加到对象选择器。

元器件添加完毕后，对象选择器中的元器件列表如图 1-32 所示。

（3）放置、移动、旋转、删除和设置元器件

1）放置

在元器件列表中选择"AT89C51"，然后将光标移动到原理图编辑区，在任意位置单击鼠标左键，即可出现随光标浮动的元器件原理图符号，移动光标在适当位置单击鼠标左键即可完成该元器件的放置。

2）移动和旋转

右击 AT89C51 单片机，弹出如图 1-33 所示的快捷菜单。

图 1-32　对象选择器中的元器件列表　　　图 1-33　在元器件上单击鼠标右键弹出的快捷菜单

3）删除

用以下两种方法可以将原理图上的单片机删除。

①将光标放到单片机 AT89C51 上，双击鼠标右键，可将其删除。

②将光标放到单片机 AT89C51 上，然后按下 Delete 键，可将其删除。

4）属性设置

右击 AT89C51 单片机，从弹出的快捷菜单中选择"编辑属性"命令，弹出"编辑元件"对话框，对单片机属性进行设置，结果如图 1-34 所示。

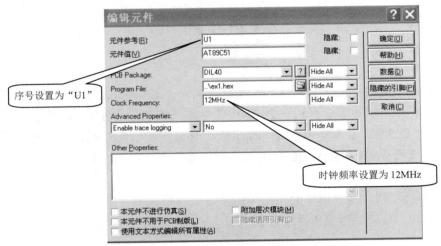

图 1-34　单片机 AT89C51 的属性设置

用类似的方法放置和编辑其他元器件。

（4）放置电源和地（终端）

单击模型选择工具栏的"终端"按钮，则在对象选择器中显示出各种终端，从中选择"Power"终端等，可在预览窗口看到电源符号，如图 1-35 所示。此时，将光标移到原理图编辑区，即可将电源终端放到原理图中。然后双击电源终端符号，在弹出的 Edit Terminal Label 对话框内的"标号"文本框中输入"VCC"，如图 1-36 所示。最后单击 OK 按钮完成电源终端的放置。

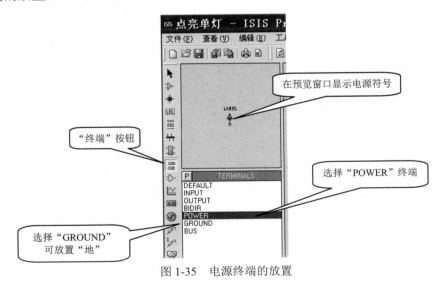

图 1-35　电源终端的放置

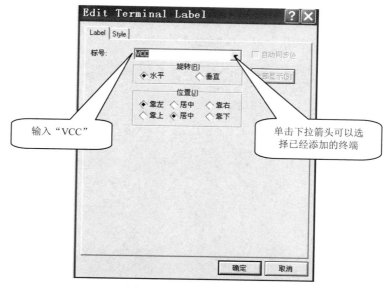

图 1-36 电源终端的编辑

（5）画总线

单击模型选择工具栏的"总线"按钮 ，可在原理图中放置总线。单击鼠标左键放置总线起点，双击鼠标左键放置总线终点。

（6）电路图布线

系统默认自动捕捉功能有效，只要将光标放置在主要连线的元器件引脚附近，就会自动捕捉到引脚，单击鼠标左键会自动生成连线。当连线需要转弯时，只要单击鼠标左键即可转弯。电源和电阻之间的布线如图 1-37 所示。用此类似的方法可完成其他元器件之间的布线。

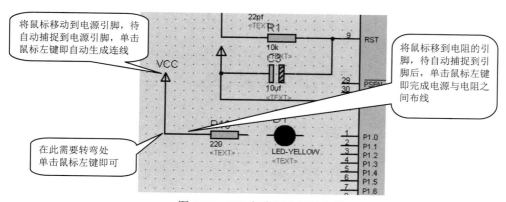

图 1-37 R10 与电源之间的布线

（7）添加网络标号

各元器件引脚与单片机引脚通过总线的连接并不表示真正意义上的电气连接，需要添加网络标号。在 Proteus 仿真时，系统会认为网络标号相同的引脚是连接在一起的。

单击模型选择工具栏的 LBL 按钮，然后在需要放置网络端口的元器件引脚附近单击鼠标

左键，则弹出如图 1-38 所示的 Edit Wire Label 对话框。在"标号"文本框中输入网络标号
名称"P11"，单击"确定"按钮即可完成网络标号的添加。

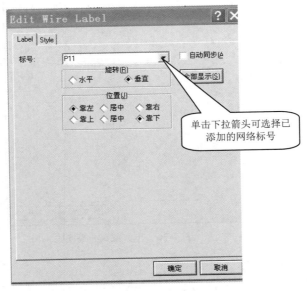

图 1-38　网络标号的添加

（8）仿真运行

这里使用编译好的一个流水灯控制程序来验证仿真效果。例如将 Keil C51 已编译好的
ex1.hex 文件载入单片机 AT89C51(U1)芯片，时钟频率设置为 12MHz。最后单击"仿真"按
钮 ▶，系统就会启动仿真，如图 1-39 所示。

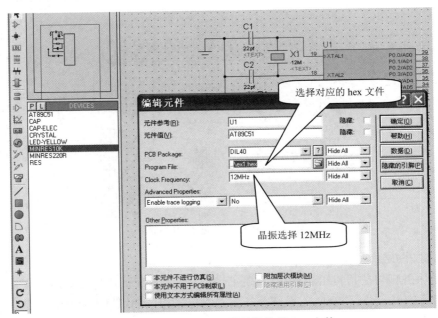

图 1-39　双击 Proteus 单片机选择.hex 文件

3. 调试仿真

完成单片机系统仿真电路图设计后，即可开始仿真运行给案例中的单片机绑定的程序文件。本书 C 语言源程序都在 Keil C51 下编写，为运行 C 语言程序生成的 HEX 程序文件，可双击单片机，打开单片机属性窗口（也可以先在单片机上单击右键，再单击左键，或者选中单片机后按下 Ctrl+E 组合键），在 Program Files 项中选择对应的 HEX 文件，如图 1-39 所示。

在仿真电路和程序都没问题后，直接单击 Proteus 主窗口下的"运行"（Play）按钮，即可仿真运行单片机系统，运行过程中可如同硬件环境下一样与单片机交互。如果要观察仿真电路中某些位置的电压或波形等，可向电路中添加相应的虚拟仪器，例如电压表、示波器等；如果系统运行时添加的虚拟仪器没有显示，同样应在"调试"菜单中将它们打开。

小知识

普通二极管检测方法及原理：根据二极管的单向导电性这一特点，性能良好的二极管，其正向电阻小、反向电阻大；两个数值相差越大越好。若相差不多说明二极管的性能不好或已经损坏。测量时，选用万用表的"欧姆"挡。一般用 R×100 或 R×1k 挡，将两表棒分别接在二极管的两个电极上，读出测量的阻值；然后将表棒对换再测量一次，记下第二次阻值。若两次阻值相差很大，说明该二极管性能良好；并根据测量电阻小的那次的表棒接法（称之为正向连接），判断出与黑表棒连接的是二极管的正极，与红表棒连接的是二极管的负极。如果两次测量的阻值都很小，说明二极管已经击穿；如果两次测量的阻值都很大，说明二极管内部已经断路；如果两次测量的阻值相差不大，说明二极管性能欠佳。在这些情况下，二极管就不能使用了。

项目小结

本项目从制作光报警器任务入手，首先让读者对单片机、单片机应用系统有一个感性的认识，并对单片机的工作过程有一个大致的了解，然后介绍单片机最小系统并搭建单片机最小系统电路，为后面章节的学习打下硬件基础。

思考与练习

一、单项选择题

1. MCS-51 系列单片机的 CPU 主要由（　　）组成。
    A．运算器、控制器　　　　　　　　B．加法器、寄存器
    C．运算器、加法器　　　　　　　　D．运算器、译码器
2. 单片机 8031 的 $\overline{EA}$ 引脚（　　）。

　　　A．必须接地　　　　　　　　　B．必须接+5V 电源

　　　C．可悬空　　　　　　　　　　D．以上三种视需要而定

3．外部扩展存储器时，分时复用做数据线和低 8 位地址线的是（　　）。

　　　A．P0 口　　　　B．P1 口　　　　C．P2 口　　　　D．P3 口

4．Intel 8051 单片机的 CPU 是（　　）位的。

　　　A．16　　　　　B．4　　　　　　C．8　　　　　　D．准 16 位

5．程序是以（　　）形式存放在程序存储器中的。

　　　A．C 语言源程序　　B．汇编程序　　　C．二进制编码　　　D．BCD 码

6．单片机的 ALE 引脚是以晶振振荡频率的（　　）固定频率输出正脉冲，因此它可作为外部时钟或外部定时脉冲使用。

　　　A．1/2　　　　　B．1/4　　　　　C．1/6　　　　　D．1/12

二、填空题

1．单片机应用系统是由_____和_____组成的。

2．除了单片机和电源外，单片机最小系统包括_____电路和_____电路。

3．在进行单片机应用系统设计时，除了电源盒地线引脚外，_____、_____、_____、_____引脚信号必须连接相应电路。

4．MCS-51 系列单片机的 XTAL1 和 XTAL2 引脚是_____引脚。

5．MCS-51 系列单片机的应用程序一般存放在_____中。

6．当振荡脉冲频率为 12MHz 时，一个机器周期为_____；当振荡脉冲频率为 6MHz 时，一个机器周期为_____。

7．MCS-51 系列单片机的复位电路有两种，即_____和_____。

8．输入单片机的复位信号延续_____个机器周期以上的_____电平时即为有效，用以完成单片机的复位初始化操作。

三、回答题

1．什么是单片机？它由哪几部分组成？什么是单片机应用系统？

2．P3 口的第二功能是什么？

3．什么是机器周期？机器周期和晶振频率有何关系？当 AT89C51 单片机外接晶振为 4MHz 时，其振荡周期、状态时钟周期、机器周期、指令周期的值各为多少？

4．MCS-51 系列单片机常用的复位方法有几种？画电路图并说明其工作原理。

5．MCS-51 系列单片机片内 RAM 的组成是如何划分的？各有什么功能？

6．说明 MCS-51 单片机的外部引脚 EA 的作用？

项目二 制作霓虹灯

任务 1 制作单向霓虹灯

【任务描述】

用单片机 P2 口控制 8 个 LED 发光二极管依次循环点亮，控制流水的方向和速度，完成单向流水任务。

【技能目标】

1. 掌握单片机开发软件 Keil C51 的基本功能。
2. 熟悉开发软件 Keil C51 的使用步骤。
3. C51 语言程序结构。
4. 数据类型和运算符。

【知识链接】

一、认识 C 语言

1. C 语言关键字

C 语言的关键字共有 32 个，根据关键字的作用，可将其分为数据类型关键字、控制语句关键字、存储类型关键字和其他关键字四类。

数据类型关键字（12 个）：①char：声明字符型变量或函数；②double：声明双精度变量或函数；③enum：声明枚举类型；④float：声明浮点型变量或函数；⑤int：声明整型变量或函数；⑥long：声明长整型变量或函数；⑦short：声明短整型变量或函数；⑧signed：声明有符号类型变量或函数；⑨struct：声明结构体变量或函数；⑩union：声明共用体（联合）数据类型；⑪unsigned：声明无符号类型变量或函数；⑫void：声明函数无返回值或无参数，声明无类型指针（基本上就这三个作用）。

控制语句关键字（12 个）：

循环语句：①for：一种循环语句（可意会不可言传）；②do：循环语句的循环体；③while：循环语句的循环条件；④break：跳出当前循环；⑤continue：结束当前循环，开始下一轮循环。

条件语句：①if：条件语句；②else：条件语句否定分支（与 if 连用）；③goto：无条件跳转语句。

开关语句：①switch：用于开关语句；②case：开关语句分支；③default：开关语句中的"其他"分支。

返回语句 return：子程序返回语句（可以带参数，也可以不带参数）。

存储类型关键字（4 个）：①auto：声明自动变量，一般不使用；②extern：声明变量是在其他文件中声明（也可以看作是引用变量）；③register：声明寄存器变量；④static：声明静态变量。

其他关键字（4 个）：①const：声明只读变量；②sizeof：计算数据类型长度；③typedef：用以给数据类型取别名（当然还有其他作用）；④volatile：说明变量在程序执行中可被隐含地改变。

2. C 语言数据类型

在 C 语言中，可以将数据分为常量与变量两种。常量可以不经说明直接引用，而变量则必须先定义类型后才能使用。常用的数据类型包括整型数据、字符型数据、实型数据、指针型数据和空类型数据。

在进行 C51 单片机程序设计时，支持的数据类型与编译器有关。在 C51 编译器中整型（int）和短整型（short）相同，单精度浮点型（float）和双精度浮点型（double）相同。Keil μVision2 C51 编译器支持的数据类型如表 2-1 所示。

表 2-1　Keil μVision2 C51 编译器支持的数据类型

数据类型	名称	长度	数的表示范围
unsigned char	无符号字符型	1B	0～255
signed char	有符号字符型	1B	-128～127
unsigned int	无符号整型	2B	0～65535
signed int	有符号整型	2B	-32768～32767
unsigned long	无符号长整型	4B	0～4294967295
signed long	有符号长整型	4B	-2147483648～2147483647
float	浮点型	4B	$\pm 1.175494E\text{-}38$～$\pm 3.402823E\text{+}38$
*	指针型	1～3B	对象的地址
bit	位类型	1b	0 或 1
sfr	特殊功能寄存器	1B	0～255
sbit	可寻址位	1b	0 或 1

（1）常量

在程序运行中，数值不能改变的量称为常量。常量的数据类型有整型、浮点型、字符型、字符串型和位类型。

①整型常量可以表示为十进制、十六进制或八进制数等，例如：十进制数 12、-60 等；十六进制数以 0x 开头，如 0x14、-0x1B 等；八进制数以字母 o 开头，如 o15、o17 等。

②浮点型常量可分为十进制表示形式和指数表示形式两种，如 0.889、125e3 等。

③字符型常量是用单引号括起来的单一字符，如'a'、'9'等。

④字符串型常量是用双引号括起来的一串字符，如"test"、"OK"等。在 C 语言中存储字符串时系统会自动在字符串尾部加上"\0"作为结束符，占一个字节。

⑤位类型的值是一个二进制数，为 1 或 0。

C 语言中还有一种符号常量，定义形式如下：

#define 符号常量的标识符　常量

其中，#define 是一条预编译处理命令，称为宏定义命令，功能是把该标志符定义为其后的符号常量值。一经定义，在程序中凡出现该标志符的地方，就用之前定义好的常量来代替。

（2）变量

在程序运行中，数值可以改变的量称为变量。变量标识符常用小写字母来表示，变量必须先定义后使用，一般放在程序的开头部分。

3．运算符

（1）算术运算符

C 语言有 5 种算术运算符，如表 2-2 所示。

表 2-2　算术运算符

运算符	意义	示例（设 x=10，y=3）
+	加法运算	z=x+y;　　//z=13
-	减法运算	z=x-y;　　//z=7
*	乘法运算	z=x*y;　　//z=30
/	除法运算（保留商的整数，小数部分丢失）	z=x/y;　　//z=3
%	模运算（取余运算）	z=x%y;　　//z=1

C 语言中表示加 1 和减 1 时可以采用自增运算符和自减运算符，如表 2-3 所示。

表 2-3　自增运算符与自减运算符

运算符	意义	示例（设 x 的初值为 3）
x++	先用 x 的值，再让 x 加 1	y=x++;　　//y 为 3，x 为 4
++x	先让 x 加 1，再用 x 的值	y=++x;　　// y 为 4，x 为 4
x--	先用 x 的值，再让 x 减 1	y=x--;　　// y 为 3，x 为 2
--x	先让 x 减 1，再用 x 的值	y= --x;　　// y 为 2，x 为 2

（2）关系运算符

在程序中经常需要比较两个变量的大小关系，以便选择程序的功能。用以比较两个数据量的运算符称为关系运算符，如表 2-4 所示。关系运算符的结果只有"0"和"1"两种，即条件满足时结果为"1"；否则为"0"。

表2-4 关系运算符

运算符	意义	示例（设 a=2，b=3）	
<	小于	a<b;	//返回值 1
>	大于	a>b;	//返回值 0
<=	小于等于	a<=b;	//返回值 1
>=	大于等于	a>=b;	//返回值 0
!=	不等于	a!=b;	//返回值 1
==	等于	a = =b;	//返回值 0

（3）逻辑运算符

逻辑运算的结果只有"真"和"假"两种，"1"表示真，"0"表示假。非零即为"真"。逻辑运算符如表2-5所示。

表2-5 逻辑运算符

运算符	意义	示例（设 a=2，b=3）	
&&	逻辑与	a&&b;	//返回值 1
||	逻辑或	a||b;	//返回值 1
!	逻辑非	!a;	//返回值 0

（4）位运算符

C51 语言直接面对 MCS-51 单片机硬件，强大灵活的位运算功能使得 C 语言可以对硬件直接进行操作，位逻辑运算符如表 2-6 所示。

表2-6 位逻辑运算符

运算符	意义
&	按位与
|	按位或
^	按位异或
~	按位取反
<<	左移
>>	右移

①按位与运算符

"&"功能是对两个二进制数进行"与"运算。其规则为"有 0 为 0，全 1 出 1"，举例如下：

```
      x    00011001
  &   y    10010011
           00010001
```

转化为十进制数，结果为 17。

②按位或运算符

"|"功能是对两个二进制数进行"或"运算。其规则为"有 1 为 1，全 0 出 0"，举例如下：

```
   x   00011001
|  y   10010011
       10011011
```

转化为十进制数，结果为 155。

③按位异或运算符

"^"功能是对两个二进制数进行"异或"运算。其规则为"相异为 1，相同出 0"，举例如下：

```
   x   00011001
^  y   10010011
       10001010
```

转化为十进制数，结果为 138。

④按位取反运算符

"～"功能是对二进制数按位取反。其规则为"有 0 出 1，有 1 出 0"，举例如下：

```
～   z   00001111
         11110000
```

⑤左移运算符

"<<"的功能是将一个二进制数的各位全部左移若干位，移动过程中，高位丢失，低位补 0。例如 x=00000011B（十进制数 3），左移 2 位，即 x<<2，则变量 x=00001100B（十进制数 12）。

⑥右移运算符

">>"的功能是将一个二进制数的各位全部右移若干位，如果是无符号的数，在右移过程中，低位丢失，高位补 0；如果是有符号的数，在右移时，符号位随同移动，为正数时，最高位补 0，为负数时，符号位为 1，最高位补 1。例如：y=10011000B，右移 2 位，即 y>>2，则变量 y=11100110B。

（5）赋值运算符

赋值运算符将一个数据赋给一个变量，也可以将一个表达式的值赋给一个变量。C 语言中有以下两类赋值运算符。

①简单赋值运算符（=），它的作用是将一个数据赋给一个变量，如 c=a+b。

②复合赋值运算符（如表 2-7 所示）的好处是简化程序，提高 C 程序的编译效率并产生质量较高的目标代码。

表 2-7 赋值运算符及其意义

运算符	意义	说明
=	将右边表达式的值赋给左边的变量或数组元素	
+=	左边的变量或数组元素加上右边表达式的值	x+=a 等价于 x=x+a
-=	左边的变量或数组元素减去右边表达式的值	x-=a 等价于 x=x-a
*=	左边的变量或数组元素乘以右边表达式的值	x*=a 等价于 x=x*a
/=	左边的变量或数组元素除以右边表达式的值	x/=a 等价于 x=x/a
%=	左边的变量或数组元素模右边表达式的值	x%=a 等价于 x=x%a
<<=	左移操作，再赋值	x<<=a 等价于 x=x<<a
>>=	右移操作，再赋值	x>>=a 等价于 x=x>>a
&=	按位与操作，再赋值	x&=a 等价于 x=x&a
^=	按位异或操作，再赋值	x^=a 等价于 x=x^a
~=	按位取反操作，再赋值	x~=a 等价于 x=x~a

（6）逗号运算符

逗号运算符用于将几个表达式串在一起。格式如下：

表达式 1，表达式 2，……，表达式 n

运算顺序为从左到右，整个逗号表达式的值是最右边表达式的值。如 x=(y=3,z=5,y+2)，括号内左边的表达式是将 3 赋给 y，最右边表达式进行 y+2 的计算，逗号表达式的结果是最右边表达式"y+2"的结果，即把 5 赋给 x。结果为 z=5，y=3，x=y+2=5。

在变量说明、函数参数表中，逗号只是用作各变量之间的间隔符，例如：

Unsigned int i,j,k;

二、C51 语言的结构

C 语言程序的执行部分由语句构成。C 语言提供的程序控制语句，按照结构化程序设计的基本结构分为：顺序结构、选择结构和循环结构，共同组成各种复杂程序。这些语句主要包括表达式语句、复合语句、循环语句和选择语句等。

1. 表达式语句

表达式语句由一个表达式和一个分号构成，示例如下：

sum=x+y;   //x 和 y 进行加法运算后赋给变量 sum

在 C 语言中有一个特殊的表达式语句，称为空语句。空语句中只有一个分号";"，程序执行空语句时需要占用一条指令的执行时间，但是什么也不做。在 C51 程序中常常把空语句作为循环体，用于消耗 CPU 时间等待事件发生的场合。例如延时函数中有以下语句：

for(k=0;k<255;k++) ;

2. 复合语句

用"{ }"把一些语句括起来就构成了复合语句，示例如下：

{

    P1=0xbf; //将十六进制数 bf 赋给变量 P1 寄存器

```
        P0=0x80&P1;
        P0<<=2;
    }
```

3. 循环语句

循环语句的作用是对给定的条件进行判断，当给定的条件成立时，重复执行给定的程序段，直到条件不成立时为止。给定的条件称为循环条件，重复执行的程序段称为循环体。

（1）while 循环语句

while 循环语句用来实现"当型"循环，执行过程如图 2-1 所示。首先判断表达式，当表达式的值为真（非 0）时，反复执行循环体；为假（0）时执行循环体外面的语句。

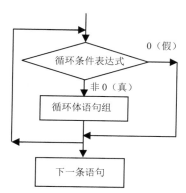

图 2-1　while 语句执行过程

while 语句的一般格式如下：
```
while（循环条件表达式）
{
    语句组;        //循环体
}
```

> **小知识**
>
> ①表达式的值通常为逻辑表达式或关系表达式，也可以为常量数据。
>
> ②如果循环条件一开始就为假，那么 while 后面的循环体一次都不会被执行。
>
> ③如果循环条件总为真，例如：while(1)，即表达式为常量"1"，循环条件永远成立，则为无限循环，即死循环。
>
> ④一般情况下，在循环体中应该有让循环最终能结束的语句，否则将形成死循环。

下面用 while 循环语句求 1 到 10 的和，程序代码如下：
```
void   main( )
{   int i=1;
    int sum=0;
        while(i<=10)
        {   sum=sum+i; //累加和
            i++;          //i 增 1，修改循环控制变量
```

```
        }
    }
```

（2）do…while 循环语句

do…while 循环语句是先执行循环体一次，再判断表达式的值。若为真值，则继续执行循环；否则退出循环。一般格式如下：

```
do
    {
        语句组;    //循环体
    } while(表达式);
```

do…while 语句用来实现先无条件执行一次循环体，然后判断条件表达式，当表达式的值为真（非 0）时，返回执行循环体直到条件表达式为假（0）为止。

```
┌─────────────────────────────────────────────────────────────┐
│ 小知识                                                          │
│     ①while(表达式)后的分号 ";" 不能丢，它表示整个循环语句的结束。   │
│     ②在使用 if 语句、while 语句时，表达式括号后面都不能加分号 ";"， │
│  但是在 do…while 语句的表达式括号后面必须加分号。                  │
└─────────────────────────────────────────────────────────────┘
```

下面用 while 循环语句求 1 到 10 的和，程序代码如下：

```
void main( )
{   int i=1;
    int sum=0;
    do
    {   sum=sum+i;
        i++;
    }while(i<=10);
}
```

（3）for 循环语句

for 循环语句结构可使程序按指定的次数重复执行一条语句或一组语句。一般格式如下：

```
for(初始化表达式; 条件表达式; 增量表达式)
    {
        语句组;        //循环体
    }
```

for 循环语句的执行过程如下：

①计算初始化表达式。

②利用第二个表达式判断条件表达式是否满足，若其为"真"，则执行循环体"语句组"一次；若其值为"假"，则跳过循环体"语句组"，执行 for 循环语句后面的程序。

③计算第三个表达式，修改增量表达式。

④跳到第②步继续执行。

⑤循环结束，执行 for 语句后面的语句。

下面用 for 循环语句求 1 到 10 的和，程序如下：

```
void main( )
{   int i,sum=0;
    for(i=1;i<=10;i++)
    {   sum=sum+i;   }
}
```

（4）在循环体中使用 break 和 continue 语句

①break 语句

break 语句通常用在循环语句和 switch 语句中。

当 break 语句用于 while、do…while、for 循环语句中，不论循环条件是否满足，都可使程序立即终止整个循环而执行后面的语句。通常 break 语句总是与 if 语句一起使用，即满足 if 语句中给出的条件时便跳出循环。示例如下：

```
void main( )
{
    int i=0,sum;
        sum=0;
        for(i=1; ;i++)          //设置 for 循环，条件表达式为空，即无限制条件，死循环
        {   if(i>10) break;   //判断条件是否满足，如果满足则退出循环
            sum=sum+i;
        }
}
```

> **小知识**
>
> ①在循环结构程序中，既可以通过循环语句中的表达式来控制循环程序是否结束，还可以通过 break 语句强行退出循环结构。
>
> ②break 语句对 if…else 的条件语句不起作用。

②continue 语句

continue 语句的作用是跳过循环体中剩余的语句，结束本次循环，强行执行下一次循环。它与 break 语句的不同之处是：break 语句是直接结束整个循环语句，而 continue 语句则是停止当前循环体的执行，跳过循环体中余下的语句，再次进入循环条件判断，准备继续开始下一次循环体的执行。

continue 语句只能用在 for、while、do…while 等循环体中，通常与 if 条件语句一起使用，用来加速循环体结束。

示例：求出 1～20 之间所有不能被 5 整除的整数之和。

```
void main( )
{
    int i,sum;
    sum=0;
    for(i=0;i<=20;i++) //设置 for 循环
    {
        if(i%5==0)
        continue;//若 i 对 5 取余运算结果为 0，即 i 能被 5 整除
```

//执行 continue 语句，跳过下面的求和语句，程序继续执行 for 循环

　　sum=sum+i;　　　　//如果 i 不能被 5 整除，则执行求和语句

　　　　}

}

【任务实施】

1. 硬件接线

首先接好单片机最小系统，然后把 8 个发光二极管接到 P2 端口，如图 2-2 所示。

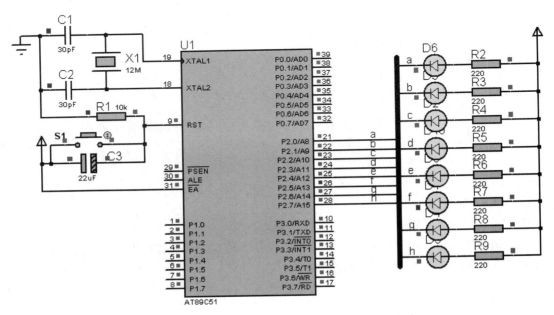

图 2-2　单片机控制 8 个发光二极管单向流水灯电路

2. 元器件选型（见表 2-8）

表 2-8　8 个发光二极管单向流水灯控制系统元器件清单

元器件名称	参数	数量	元器件名称	参数	数量
IC 插座	DIP40	1	发光二极管		8
单片机	AT89C51	1	电阻	220Ω	8
晶体振荡器	12MHz	1	电阻	10kΩ	1
瓷片电容	30pF	2	电解电容	22μF	1
弹性按键		1			

3. 编写程序

```
//功能：采用位运算符实现的单向流水灯控制程序
#include <reg51.h>          //包含头文件 reg51.h
//函数名：delay
//函数功能：实现软件延时
```

```
void    delay(unsigned int i)            //延时函数，无符号字符型变量 i 为形式参数
{
        unsigned int j,k;                //定义无符号整型变量 j 和 k
        for(k=0;k<i;k++)                 //双重 for 循环语句实现软件延时
            for(j=0;j<124;j++)
                        ;
}
void main()                      //主函数
{
        P2=0xff;                 //P2 口全部置"1"，熄灭所有 LED 灯
        while(1)    {
        P2=0xfe;
        delay(500);
        P2=0xfd;
        delay(500);
        P2=0xfb;
        delay(500);
        P2=0xf7;
        delay(500);
        P2=0xef;
        delay(500);
        P2=0xdf;
        delay(500);
        P2=0xbf;
        delay(500);
        P2=0x7f;
        delay(500);
    }
}
```

小知识

C 语言中十六进制数的表示方法是在数据前面加上符号"0x"。如上面任务中 P2=0xff。

4. 仿真与调试

经 Keil 软件编译通过后，可利用 Proteus 软件进行仿真。在 Proteus ISIS 编辑环境中绘制仿真电路图，将编译好的"ex2_1.hex"文件载入 Proteus ISIS 编辑环境中的 AT89C51，启动仿真，即可观察到 P2 口控制的 8 个 LED 灯实现单向流水灯的顺序显示。再将此".hex"文件下载到实验板上 AT89C51 芯片中，接通电路板电源，可看到实验板与仿真软件呈现同样的流水灯显示效果。

5. 评价标准

	考核项目	考核内容	考核标准				得分
			A	B	C	D	
学习过程（30分）	流水灯设计	掌握运用语句实现流水灯花样闪烁的方法并能编程实现	10	8	6	4	
		熟练掌握流水灯的编程方法，会编写花样流水灯程序	20	16	12	8	
操作能力（40分）	电路设计	元器件布局合理、美观，符合电子产品规范	10	8	6	4	
	硬件电路绘制	熟练运用 Proteus 软件绘制电路	10	8	6	4	
	程序设计与流程	程序模块划分正确，流程图符合规范、标准，程序编写正确	10	8	6	4	
	程序调试	调试过程有步骤、有分析，编程平台使用熟练	10	8	6	4	
实践结果（30分）	系统调试	达到设计所规定的功能和技术指标	10	8	6	4	
	故障分析	对调试过程中出现的问题能分析并解决	10	8	6	4	
	综合表现	学习态度、学习纪律、团队精神、安全操作等	10	8	6	4	
总分			100	80	60	40	
教师签名		学生签名	班级				

【任务拓展】

利用单片机 P2 口控制 8 个 LED 发光二极管实现字母 a、c、e、g 和 b、d、f、h 间隔一定时间交替闪烁。

1. 硬件电路及元器件（见图 2-3 和表 2-9）

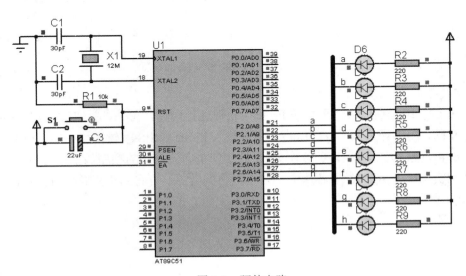

图 2-3   硬件电路

表 2-9 元器件选型

元器件名称	参数	数量	元器件名称	参数	数量
IC 插座	DIP40	1	发光二极管		8
单片机	AT89C51	1	电阻	220Ω	8
晶体振荡器	12MHz	1	电阻	10kΩ	1
瓷片电容	30pF	2	电解电容	22μF	1
弹性按键		1			

2. 程序设计

```
//功能：采用位运算符实现的彩灯交替闪烁控制程序
#include <reg51.h>           //包含头文件 reg51.h
//函数名：delay
//函数功能：实现软件延时
void    delay(unsigned int i)      //延时函数，无符号字符型变量 i 为形式参数
{
        unsigned int j,k;            //定义无符号整型变量 j 和 k
        for(k=0;k<i;k++)             //双重 for 循环语句实现软件延时
            for(j=0;j<124;j++)
                    ;
}
void main()                  //主函数
{
    while(1)
    {  P2=0xee;              //P2 口全部置"1"，熄灭所有 LED 灯
       delay(500);
       P2=0x55;
       delay(500);
    }
}
```

任务 2 制作双向可控霓虹灯

【任务描述】

用 2 个开关控制流水方向以及彩灯的亮灭。S1 闭合，8 个彩灯从上向下流水显示；S2 闭合，8 个彩灯从下向上流水显示；S1 与 S2 均闭合，LED1 亮，其余彩灯熄灭；S1 与 S2 均断开，LED8 亮，其余彩灯熄灭。

【技能目标】

1. 掌握 C 语言分支语句的使用。
2. 能熟练使用 Proteus 软件进行仿真调试。
3. 能熟练使用 Keil C51 软件编写分支结构程序并调试。

【知识链接】

一、控制语句——选择语句

程序设计时要根据给定的条件进行判断，从而选择不同的处理路径。对给定的条件进行判断，并根据判断结果选择执行相应的操作程序，称为选择结构程序。选择结构程序设计一般用 if 语句或 switch 语句来实现。

1. 基本 if 语句

基本 if 语句的执行过程如图 2-4 所示。格式如下：

```
if（表达式）
{
    语句组;
}
```

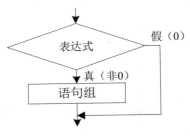

图 2-4   if 语句执行流程

当"表达式"的结果为"真"时，执行其后的"语句组"，否则跳过该语句组，继续执行下面的语句。如语句"if(P3_0==0) P1_0=0;"，即当 P3_0 等于 0 时，P1_0 就赋值 0。

> **小知识**
>
> ①if 语句中的"表达式"通常为逻辑表达式或关系表达式，也可以是其他的表达式或类型数据，只要表达式非 0 即为"真"。
>
> ②在 if 语句中，"表达式"必须用括号括起来。
>
> ③在 if 语句中，花括号"{ }"里面的语句组如果只有一条语句，可以省去花括号。

2. if…else 语句

if…else 语句的执行过程如图 2-5 所示。一般格式如下：

```
if（表达式）
{
    语句组 1;
}
 else
 {
    语句组 2;
}
```

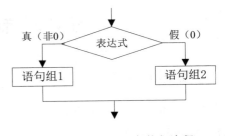

图 2-5   if…else 语句执行流程

if…else 语句执行过程：当"表达式"的结果为"真"时，执行其后的"语句组 1"，否则执行"语句组 2"。

3. if…else…if 语句

if…else…if 语句是由 if…else 语句组成的嵌套，用来实现多个条件分支的选择，其一般格式如下：

```
if(表达式 1)
{
    语句组 1;
}
else if(表达式 2)
{
    语句组 2;
}
…
else if(表达式 n)
{
    语句组 n;
}
else
{
    语句组 n+1;
}
```

执行该语句时，依次判断"表达式 i"的值，当"表达式 i"的值为"真"时，执行其对应的"语句组 i"，跳过剩余的 if 语句组，继续执行该语句下面的一个语句。如果所有表达式的值均为"假"，则执行最后一个 else 后的"语句组 n+1"，然后再继续执行其下面的一个语句，如图 2-6 所示。

小知识

①else 语句是 if 语句的子句，它是 if 语句的一部分，不能单独使用。

②else 语句总是与它上面最近的 if 语句相配对。

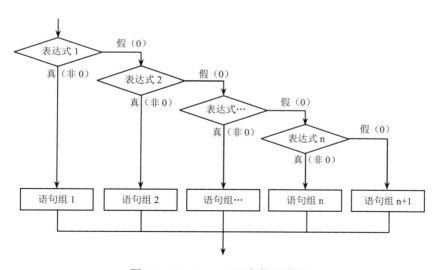

图 2-6　if…else…if 语句执行流程

4. switch…case 多分支选择语句

多分支选择的 switch 语句，其一般形式如下：

```
switch(表达式)
{
    case    常量表达式 1: 语句组 1;break;
    case    常量表达式 2: 语句组 2; break;
            ……
    case    常量表达式 n: 语句组 n; break;
    default:    语句组 n+1;
}
```

小知识

①常量表达式的值必须是整型或字符型。

②在 case 语句后，允许有多个语句，可以不用{}括起来。

③最好使用 break。

该语句的执行过程是：首先计算表达式的值，并逐个与 case 后的常量表达式的值相比较，当表达式的值与某个常量表达式的值相等时，则执行对应该常量表达式后的语句组，再执行 break 语句，跳出 switch 语句的执行，继续执行下一条语句。如果表达式的值与所有 case 后的常量表达式均不相同，则执行 default 后的语句组。

示例如下：

```
void main()
{
    unsigned char i;
    i=3;
    switch(i)
    {
        case 0:P0=0xff;break;
        case 1:P1=0xff;break;
        case 2:P2=0xff;break;
        case 3:P3=0xff;break;        //常量表达式 3 满足给定条件，则执行 P3=0xff 语句
        default:P0=0x00;             //执行完毕后，使用 break 跳出 switch 结构
    }
}
```

二、C 语言函数

1. 认识 C 语言

C 语言一种结构化语言，它层次清晰，可以按模块化方式组织程序，易于调试和维护。它不仅具有丰富的运算符和数据类型，便于实现各种运算，还可以直接对硬件进行操作。

下面通过一个简单实例介绍 C 语言的结构特点和书写格式。

```
//点亮一个发光二极管
#include<reg51.h>      //C 语言的预编译处理，包含 51 单片机寄存器定义的头文件
void main()            //主函数，void 表示无返回值
    {                  //每个函数必须以花括号"{"开始
        P0=0xfe;       //赋值语句
    }                  //每个函数必须以花括号"{"结束
```

这个程序的作用是通过单片机向 P0 口所接硬件输出一个低电平,可以点亮 P0.0 引脚的 LED。

(1)程序第一行"#include<reg51.h>"是文件包含处理,是指一个文件将另一个文件的全部内容包含进来。是由开发软件如 Keil C51 编译器提供的"头文件",保存在文件夹"Keil\C51\inc"下。由于单片机不认识"P0"(某寄存器的名字),因此必须给"P0"做定义,在编程时由头文件将这种定义"包含"进去,才能使单片机认识"P0"等各种寄存器的名字。

在 reg51.h 文件中定义了下面的语句:

sfr P1=0x90;

该语句定义了符号 P1 与 MCS-51 单片机内部 P1 口的地址 0x90 对应。如果需要使用 reg51.h 文件中没有定义的 SFR 或位名称,可以自行在该文件中添加定义,也可以在源程序中定义。例如:

sbit P1_0=P1^0;   //sbit 定义位寻址对象。定义位名称 P1_0,对应 P1 口的第 0 位

(2)第二行 main()函数称为主函数,每个 C 语言程序有且只有一个主函数,函数后面一定要有一对大括号"{ }",程序就写在大括号里面。

(3)语句结束标志,语句必须以分号";"结尾。

(4)C 语言程序中的注释是为了提高程序的可读性。注释内容不会被执行。注释有两种方式:一种采用"/*………*/"的格式,另一种采用"//"的格式。前者可以注释多行内容,后者只能注释一行内容。

2. C 语言函数

C 语言程序以函数形式组织程序结构,C 程序中的函数与其他语言中所描述的"子程序"或"过程"的概念是一样的。C 程序的结构如图 2-7 所示。

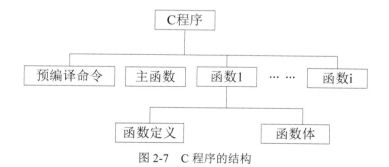

图 2-7　C 程序的结构

一个 C 语言源程序由一个或若干个函数组成,每一个函数完成相对独立的功能。每个 C 程序都必须有(且仅有)一个主函数 main(),程序的执行总是从主函数开始,调用其他函数后返回主函数 main(),不管函数的排列顺序如何,最后都在主函数中结束整个程序。

一个函数由两部分组成:函数定义和函数体。对于 main()函数来说,main 是函数名,函数名后必须跟一对圆括号,里面是函数的形式参数定义,也可以没有。main()函数后面一对大括号内的部分称为函数体,函数体由定义数据类型的说明部分和实现函数功能的执行部分组成。

C 语言经常使用函数，当函数被调用完后，通常会返回一个函数值。函数值也是有一定类型的，实例如下：

```
int add()
{   int sum;
    sum=123+546;
    return sum;
}
```

函数 add()返回一个整型数据，就是说该函数是整型函数。int 为默认的函数返回值类型，可以不写。当函数不需要返回函数值时，应将函数类型定义为 void 型（空类型）。

C 语言规定：标志符只能是字母（A～Z，a～z）、数字（0～9）和下划线"_"组成的字符串，并且第一个字符必须是字母或下划线。C 语言区分大小写。

【任务实施】

1．硬件电接线

首先接好单片机最小系统，然后把 8 个发光二极管按照共阳极接法接到 P1 端口，将两个方向控制开关接 P3.0 和 P3.1 端口，如图 2-8 所示。

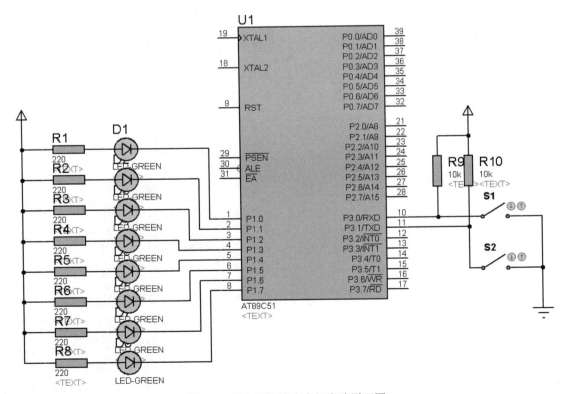

图 2-8　双向可控流水彩灯电路原理图

2. 元器件选型（见表 2-10）

表 2-10 双向可控流水彩灯控制系统元器件清单

元器件名称	参数	数量	元器件名称	参数	数量
IC 插座	DIP40	1	发光二极管		8
单片机	AT89C51	1	电阻	220Ω	8
晶体振荡器	12MHz	1	电阻	10kΩ	2
瓷片电容	30pF	2	电解电容	22μF	1
按键		2			

3. 编写程序

```
//功能：双向可控流水灯控制程序
#include <reg51.h>                    //包含头文件 reg51.h
#include<intrins.h>
sbit S1=P3^0;
sbit S2=P3^1;
//函数名：delay
//函数功能：实现软件延时
void    delay(unsigned int i)        //延时函数，无符号字符型变量 i 为形式参数
{
        unsigned int j,k;            //定义无符号整型变量 j 和 k
        for(k=0;k<i;k++)             //双重 for 循环语句实现软件延时
            for(j=0;j<124;j++);
}
void main()              //主函数
{
    P1=0xfe;
    while(1)
    { delay(500);
      if(S1==0&&S2==1)
        {P1=_crol_(P1,1);}//从上向下循环流水（循环左移）
      if(S1==1&&S2==0)
        {P1=_cror_(P1,1);}//从下向上循环流水（循环右移）
      if(S1==0&&S2==0)
        {P1=0xfe;}//LED1 亮，其余熄灭
      if(S1==1&&S2==1)
        {P1=0xef;}//LED8 亮，其余熄灭
    }
}
```

4. 仿真与调试

经 Keil 软件编译通过后，可利用 Proteus 软件进行仿真。在 Proteus ISIS 编辑环境中绘制仿真电路图，将编译好的"ex2_2.hex"文件载入 Proteus ISIS 编辑环境中的 AT89C51，启动仿真，即可观察到 P1 口控制的 8 个 LED 灯实现双向流水的效果。再将此".hex"文件下载到实验板上 AT89C51 芯片中，接通电路板电源，可看到实验板与仿真软件呈现同样的流水灯显示效果。

5. 评价标准

考核项目		考核内容	考核标准				得分
			A	B	C	D	
学习过程（30分）	双向可控流水灯	掌握运用语句实现流水灯花样闪烁的方法并能编程实现	10	8	6	4	
	模拟交通灯设计	熟悉交通灯的显示状态，正确进行交通灯控制端口线分配及控制状态设定	20	16	12	8	
操作能力（40分）	电路设计	元器件布局合理、美观，符合电子产品规范	10	8	6	4	
	硬件电路绘制	熟练运用 Proteus 软件绘制电路	10	8	6	4	
	程序设计与流程	程序模块划分正确，流程图符合规范、标准，程序编写正确	10	8	6	4	
	程序调试	调试过程有步骤、有分析，编程平台使用熟练	10	8	6	4	
实践结果（30分）	系统调试	达到设计所规定的功能和技术指标	10	8	6	4	
	故障分析	对调试过程中出现的问题能分析并解决	10	8	6	4	
	综合表现	学习态度、学习纪律、团队精神、安全操作等	10	8	6	4	
总分			100	80	60	40	
教师签名		学生签名		班级			

【任务拓展】

　　汽车不同位置的信号灯是汽车驾驶员之间及驾驶员向行人传递汽车行驶状况的信号工具，包括左转向灯、右转向灯及故障灯等信号灯，如表 2-11 所示。通过单片机控制一个模拟汽车左右转向灯的控制系统，熟悉 C 语言的基本语句、条件选择语句和循环语句的使用方法。

表 2-11　信号灯功能

转向灯显示状态		驾驶员发出的命令
左转灯	右转灯	
灭	灭	驾驶员未发出命令
灭	闪烁	驾驶员发出右转显示命令
闪烁	灭	驾驶员发出左转显示命令
闪烁	闪烁	驾驶员发出汽车故障显示命令

　　1. 硬件电路及元器件（见图 2-9 和表 2-12）

　　采用两个发光二极管来模拟汽车左、右转向灯，用单片机 P2.0 和 P2.1 引脚控制；用两个连接到单片机 P3.0 和 P3.1 引脚的拨动开关 S1 和 S2 模拟驾驶员发出左转、右转命令。

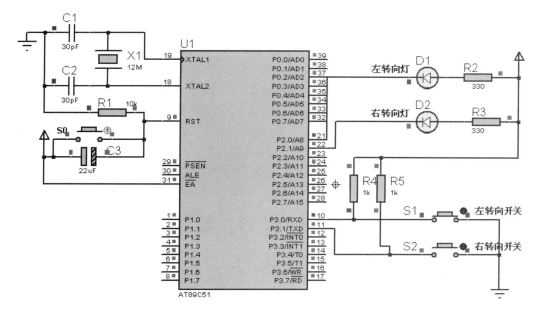

图 2-9 硬件电路

表 2-12 元器件选型

元器件名称	参数	数量	元器件名称	参数	数量
IC 插座	DIP40	1	发光二极管		2
单片机	AT89C51	1	弹性按键		3
晶体振荡器	12MHz	1	电阻	330Ω	2
瓷片电容	30pF	2	电阻	10kΩ	1
电阻	1kΩ	2	电解电容	22μF	1

2. 程序设计

```
//功能：采用位运算符实现的模拟汽车转向灯控制程序
#include <reg51.h>        //包含头文件 reg51.h
#define uint unsigned int
#define uchar unsigned char
sbit P2_0=P2^0;           //定义 P2.0 引脚位名称为 P2_0
sbit P2_1=P2^1;           //定义 P2.1 引脚位名称为 P2_1
sbit P3_0=P3^0;           //定义 P3.0 引脚位名称为 P3_0
sbit P3_1=P3^1;           //定义 P3.1 引脚位名称为 P3_1
void delay(uint z);       //延时函数声明
void main()
{
    while(1)    {
    if(P3_0==0)           //左转开关闭合
    P2_0=0;               //点亮左转灯
```

```
            if(P3_1==0)              //右转开关闭合
            P2_1=0;                  //点亮右转灯
                delay(500);          //延时
                P2_0=1;              //左转灯回到熄灭状态
                P2_1=1;              //右转灯回到熄灭状态
                delay(500); }
    }
    void delay(uint    z)    //函数名：delay，实现软件延时
    {
        uint x,y;
        for(x=0;x<z;x++)
                for(y=0;y<124;y++)
    ;
    }
```

任务 3　制作个性化霓虹灯

【任务描述】

用单片机控制彩灯实现个性化流水闪烁变化: 左移 2 次, 右移 2 次(延时的时间为 0.2s)。

【技能目标】

1. 掌握 C 语言数组的应用。
2. 使用数组灵活完成个性化流水彩灯的制作。

【知识链接】

在程序设计中，为了处理方便，把具有相同类型的若干数据项按有序的形式组织起来，这些按序排列的同类数据元素的集合称为数组，组成数组的各个数据分项称为数组元素。数组中的元素有固定数目和相同类型，数组元素的数据类型就是该数组的基本类型。例如，整型数据的有序组合称为整型数组，字符型数据的有序集合称为字符型数组。

数组还分为一维、二维、三维和多维数组等，常用的是一维、二维和字符数组。

一、一维数组

1. 一维数组定义

在 C 语言中，数组必须先定义、后使用。一维数组的定义格式如下：

类型说明符　数组名[常量表达式];

类型说明符是指数组中的各个数组元素的数据类型；数组名是用户定义的数组标识符；方括号中的常量表达式表示数组元素的个数，也称为数组的长度。

例如：

```
int a[10];              //定义整型数组 a，有 10 个元素，a[0]、a[1]、…、a[9]
float b[10],c[20];      //定义实型数组 b，有 10 个元素，实型数组 c，有 20 个元素
```

```
char ch[20];              //定义字符型数组 ch，有 20 个元素
```

定义数组时，应注意以下几点：

（1）数组的类型实际上是指数组元素的取值类型。对于同一个数组，所有元素的数据类型都是相同的。

（2）数组名不能与其他变量名相同。

例如，在下面的程序段中，因为变量 num 和数组 num 同名，程序编译时出现错误，无法通过：

```
Void main()
{
    int num;
    float num[100];
    ……
}
```

（3）方括号中常量表达式表示数组元素的个数，如 a[5]表示数组 a 有 5 个元素。数组元素的下标从 0 开始计算，5 个元素分别为 a[0]、a[1]、a[2]、a[3]、a[4]。

（4）方括号中的常量表达式不可以是变量，但可以是符号常数或常量表达式。

例如，下面的数组定义是合法的：

```
#define NUM 5
main()
{
    int a[NUM],b[7+8];
    …
}
```

但是，下述定义方式是错误的：

```
main()
{
    int num=10;              //定义变量 num
    int a[num];
    …
}
```

（5）允许在同一个类型说明中，说明多个数组和多个变量，例如：

```
int a,b,c,d,k1[10],k2[20];
```

2．数组元素

数组元素也是一种变量，其标志方法为数组名后跟一个下标。下标表示该数组元素在数组中的顺序号，只能为整型常量或整型表达式。如为小数时，C 编译器将自动取整。定义数组元素的一般形式为：

数组名[下标]

例如：tab[5]、num[i+j]、a[i++]都是合法的数组元素。

在程序中不能一次引用整个数组，只能逐个使用数组元素。例如，数组 a 包括 10 个数组元素，累加 10 个数组元素之和，必须使用下面的循环语句逐个累加各数组元素：

```
int a[10],sum;
sum=0;
```

for(i=0;i<10;i++)　sum=sum+a[i];

3．数组赋值

给数组赋值的方法有赋值语句和初始化赋值两种。

在程序执行过程中，可以用赋值语句对数组元素逐个赋值，例如：

For(i=0;i<10;i++)

　　num[i]=i;

数组初始化赋值是指在数组定义时给数组元素赋予初值，初始化赋值的一般形式为：

类型说明符　数组名[常量表达式]={值，值，…，值}；

其中在{ }中的各数据值即为相应数组元素的初值，各值之间用逗号间隔，例如：

int num[10]={0,1,2,3,4,5,6,7,8,9};

相当于：

mum[0]=0;num[1]=1;…;num[9]=9;

num 后方括号中元素的个数也可以为空。

int num[ ]={0,1,2,3,4,5,6,7,8,9};

二、二维数组

定义二维数组的一般形式是：

类型说明符　数组名[常量表达式 1][常量表达式 2]；

其中"常量表达式 1"表示第一维下标的长度，"常量表达式 2"表示第二维下标的长度，例如：

int num[3][4];

说明了一个 3 行 4 列的数组，数组名为 num，该数组共包括 3×4 个数组元素，即：

num[0][0],num[0][1],num[0][2],num[0][3]

num[1][0],num[1][1],num[1][2],num[1][3]

num[2][0],num[2][1],num[2][2],num[2][3]

二维数组的存放方式是按行排列，放完第一行后顺次放入第二行。对于上面定义的二维数组，先存放 num[0]行，再存放 num[1]行，最后存放 num[2]行；每行中的 4 个元素也是依次存放的。由于数组 num 声明为 int 类型，该类型数据占 2 字节的内存空间，所以每个元素均占 2 字节。

二维数组的初始化赋值可按行分段赋值，也可按行连续赋值。

例如，对数组 a[3][4]可按下列方式进行赋值。

按行分段赋值可写为：

int a[3][4]={{80,75,92,61},{65,71,59,63},{70,85,87,90}};

按行连续赋值可写为：

int a[3][4]={80,75,92,61,65,71,59,63,70,85,87,90};

以上两种赋初值的结果是完全相同的。

三、字符数组

用来存放字符量的数组称为字符数组，每一个数组元素就是一个字符。

字符数组的使用说明与整型数组相同，例如"char ch[10];"语句，说明 ch 为字符数组，包含 10 个字符元素。

字符数组的初始化赋值是直接将各字符赋给数组中的各个元素。例如：

Char ch[10]={'c','h','i','n','e','s','e','\0'};

以上定义说明了一个包含 10 个数组元素的字符数组 ch，并且将 8 个字符分别赋值到 ch[0]～ch[7]，而 ch[8] 和 ch[9] 系统将自动赋予空格字符。

当对全体数组元素赋初值时也可以省去长度说明，例如：

Char ch[ ]={'c','h','i','n','e','s','e','\0'};

这时 ch 数组的长度自动定义为 8。

通常用字符数组来存放一个字符串。字符串总是以"\0"来作为串的结束符。因此，当把一个字符串存入一个数组时，也要把结束符"\0"存入数组，并以此作为字符串的结束标志。

C 语言允许用字符串的方式对数组做初始化赋值，例如：

Char ch[]={'c','h','i','n','e','s','e','\0'};

可写为：

Char ch[]={"chinese"};

或去掉 { }，写为：

Char ch[]="chinese";

一个字符串可以用一维数组来装入，但数组的元素数目一定要比字符多一个，即多出字符串结束符"\0"，由 C 编译器自动加上。

【任务实施】

1. 硬件接线

首先接好单片机最小系统，然后把 8 个发光二极管按照共阳极接法接到 P1 端口，如图 2-10 所示。

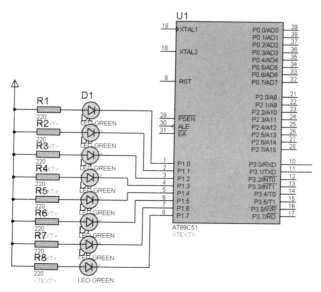

图 2-10　个性霓虹灯电路原理图

2. 元器件选型（见表2-13）

表2-13　个性化流水彩灯控制系统元器件清单

元器件名称	参数	数量	元器件名称	参数	数量
IC插座	DIP40	1	发光二极管		8
单片机	AT89C51	1	电阻	220Ω	8
晶体振荡器	12MHz	1	电阻	10kΩ	2
瓷片电容	30pF	2	电解电容	22μF	1
按键		2			

3. 编写程序

```
//功能：个性化流水灯控制程序
#include <reg51.h>          //包含头文件reg51.h
#define uchar unsigned char
#define uint unsigned int
uchar code table[]={0xfe,0xfd,0xfb,0xf7,0xef,0xdf,0xbf,0x7f,
            0xfe, 0xfd, 0xfb, 0xf7, 0xef, 0xdf, 0xbf, 0x7f,
            0x7f, 0xbf, 0xdf, 0xef, 0xf7, 0xfb, 0xfd, 0xfe,
            0x7f, 0xbf, 0xdf, 0xef, 0xf7, 0xfb, 0xfd, 0xfe,
            0x00, 0xff, 0x00, 0xff,0x01};//将代表闪烁花样数据存入数组table[]
uchar k;
void    delay(unsigned int ms)
{
    unsigned int j,i;       //定义无符号整型变量j和i
    for(i=0;i<ms;i++)       //双重for循环语句实现软件延时
    for(j=0;j<125;j++)
        ;
}
void main()                //主函数
{
    while(1)
    {   if(table[k]!=0x01)
        {P1=table[k];//将table[k]中彩灯花样数据输出到P1口显示
         k++;
         delay(200);//延时200ms
        }
        else
        {P1=table[0];}//若遇到结束标志，则返回显示第一个花样
    }
}
```

4. 仿真与调试

经Keil软件编译通过后，可利用Proteus软件进行仿真。在Proteus ISIS编辑环境中绘制仿真电路图，将编译好的"ex2_3.hex"文件载入Proteus ISIS编辑环境中的AT89C51，启

动仿真，即可观察到 P1 口控制的 8 个 LED 灯实现花样流水的效果。再将此".hex"文件下载到实验板上 AT89C51 芯片中，接通电路板电源，可看到实验板与仿真软件呈现同样的流水灯显示效果。

5. 评价标准

考核项目		考核内容	考核标准				得分
			A	B	C	D	
学习过程（30分）	个性化流水灯	掌握运用语句实现流水灯花样闪烁的方法并能编程实现	10	8	6	4	
	模拟交通灯设计	熟悉交通灯的显示状态，正确进行交通灯控制端口线分配及控制状态设定	20	16	12	8	
操作能力（40分）	电路设计	元器件布局合理、美观，符合电子产品规范	10	8	6	4	
	硬件电路绘制	熟练运用 Proteus 软件绘制电路	10	8	6	4	
	程序设计与流程	程序模块划分正确，流程图符合规范、标准，程序编写正确	10	8	6	4	
	程序调试	调试过程有步骤、有分析，编程平台使用熟练	10	8	6	4	
实践结果（30分）	系统调试	达到设计所规定的功能和技术指标	10	8	6	4	
	故障分析	对调试过程中出现的问题能分析并解决	10	8	6	4	
	综合表现	学习态度、学习纪律、团队精神、安全操作等	10	8	6	4	
总分			100	80	60	40	
教师签名		学生签名		班级			

【任务拓展】

单片机控制的密码锁包括按键、数码管显示和电控驱动电路。功能如下：4 个按键，分别代表数字 0、1、2、3；密码在程序中事先设定为 0~3 之间的一个数字；上电复位后，密码锁初始状态为关闭，数码管显示"—"；当按下数字按键后，显示按键号码 1s，若与事先设定的密码相同，则数码管显示字符"P"，打开锁，3s 后恢复锁定状态，等待下一次密码输入，否则显示字符"E"持续 3s，保持锁定状态并等待下次密码输入。状态如表 2-14 所示。

表 2-14　密码锁功能

按键输入状态	数码管显示信息	锁驱动状态
无密码输入	—	锁定
输入与设定密码相同	P	打开
输入与设定密码不同	E	锁定

1. 硬件电路及元器件（见图 2-11 和表 2-15）

根据任务要求，用一个 LED 数码管作为显示器，显示密码锁的状态信息，锁的开关电路用 P3.0 控制一个发光二极管代替。

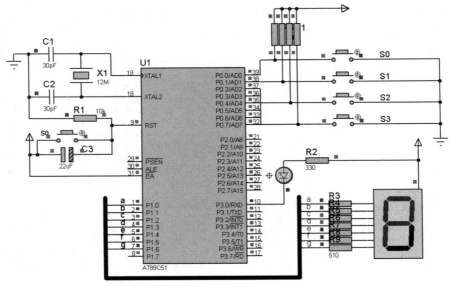

图 2-11   硬件电路

表 2-15   元器件选型

元器件名称	参数	数量	元器件名称	参数	数量
IC 插座	DIP40	1	发光二极管		1
单片机	AT89C51	1	弹性按键		5
晶体振荡器	12MHz	1	电阻	510Ω	8
瓷片电容	30pF	2	电阻	10kΩ	1
电阻	1kΩ	4	电解电容	22μF	1
LED 数码管	共阳极	1			

2. 程序设计

```
//功能：简易密码锁程序
#include <reg51.h>
sbit P3_0=P3^0;              //控制开锁，用发光二极管代替
void delay(unsigned char i);   //延时函数声明
void main()                  //主函数
{
    unsigned char button;      //保存按键信息
    unsigned char code tab[7]={0xc0,0xf9,0xa4,0xb0，0xbf,0x86,0x8c};
    //定义显示段码表，分别对应显示字符：0、1、2、3，-、E、P
    P0=0xff;                 //读 P0 口引脚状态，需先置全 1
```

```
while(1) {
    P1=tab[4];              //密码锁的初始显示状态"-"
    P3_0=1;                 //设置密码锁初始状态为"锁定"，发光二极管熄灭
    button=P0;              //读取 P0 口上的按键状态并赋值到变量 button
    button&=0x0f;           //采用与操作保留低 4 位的按键状态，其他位清 0
    switch (button)         //判断按键的键值
    {
        case 0x0e: P1=tab[0];delay(1000);P1=tab[5];delay(3000);break;
                //0#键按下，密码输入错误，显示"E"
        case 0x0d: P1=tab[1];delay(1000);P1=tab[5];delay(3000);break;
                //1#键按下，密码输入错误，显示"E"
        case 0x0b: P1=tab[2];delay(1000);P1=tab[6];P3_0=0; delay(3000);break;
                //2#键按下，密码正确，开锁并显示"P"
        case 0x07: P1=tab[3];delay(1000);P1=tab[5];delay(3000);break;
                //3#键按下，密码输入错误，显示"E"
    }
    delay(1200);            //显示状态停留约 3 秒
        }
}

void    delay(unsigned int i)    //延时函数，无符号字符型变量 i 为形式参数
{
    unsigned int j,k;            //定义无符号字符型变量 j 和 k
    for(k=0;k<i;k++)             //双重 for 循环语句实现软件延时
        for(j=0;j<124;j++)
;
}
```

项目小结

在本项目中，读者掌握了单片机并行 I/O 端口的应用、C 语言的基本程序结构、数组使用，通过 3 个任务的学习让读者进一步了解 C51 结构化程序设计方法，为以后实际项目的结构化程序设计奠定了基础。

思考与练习

一、单项选择题

1．仿真器的作用是（　　）。
   A．能帮助调试用户设计的软件
   B．能帮助调试用户设计的硬件
   C．能帮助调试用户设计的硬件和软件

    D．只能做各种模拟实验

2．使用单片机开发系统调试程序时，对源程序进行汇编的目的是（　　）。

    A．将源程序转换成目标程序　　　　B．将目标程序转换成源程序

    C．将低级语言转换成高级语言　　　　D．只能做各种模拟实验连续执行

3．在运用仿真系统调试程序时，观察函数内部指令的执行结果，通常采用（　　）调试方法。

    A．单步调试（F8）　　　　　　　　B．跟踪调试（F7）

    C．快速运行到光标处调试（F4）　　D．断点调试（F2）

4．使用单片机开发系统调试 C 语言程序时，首先应新建文件，该文件的扩展名是（　　）。

    A．.c　　　　　　　B．.hex　　　　　　C．.bin　　　　　　D．.asm

5．单片机能够直接运行的程序是（　　）。

    A．汇编源程序　　　　　　　　　　B．C 语言源程序

    C．高级语言程序　　　　　　　　　D．机器语言源程序

6．下面叙述不正确的是（　　）。

    A．一个 C 源程序可以由一个或多个函数组成

    B．一个 C 源程序必须包含一个主函数 main( )

    C．在 C 程序中，注释说明只能位于一条语句的后面

    D．C 程序的基本组成单位是函数

7．C 程序总是从（　　）开始执行的。

    A．主函数　　　　B．主程序　　　　C．子程序　　　　D．主过程

8．最基本的 C 语言语句是（　　）。

    A．赋值语句　　　B．表达式语句　　C．循环语句　　　D．复合语句

9．在 C51 程序中常常把（　　）作为循环体，用于消耗 CPU 时间，产生延时效果。

    A．赋值语句　　　B．表达式语句　　C．循环语句　　　D．空语句

10．在 C51 的数据类型中，unsigned char 型的数据长度和值域分别为（　　）。

    A．单字节，-128～127　　　　　　B．双字节，-32768～+32767

    C．单字节，0～255　　　　　　　　D．双字节，0～65535

二、问答题

1．什么是单片机开发系统？单片机开发系统由哪些设备组成？如何连接？

2．一般来说单片机开发系统应具备哪些基本功能？

3．开发单片机应用系统的一般过程是什么？

项目三　制作航标灯

任务 1　制作秒闪航标灯

【任务描述】

制作一个秒闪航标灯，要求航标灯（用 LED 模拟）每秒闪烁一次。

【技能目标】

1. 理解单片机定时器结构。
2. 熟悉单片机定时器工作方式。
3. 掌握单片机定时器的应用。

【知识链接】

一、定时/计数器的结构

1. 定时/计数器的组成

MCS-8051 单片机内部有两个 16 位的可编程定时/计数器，称为 T0 和 T1，其逻辑结构如图 3-1 所示。

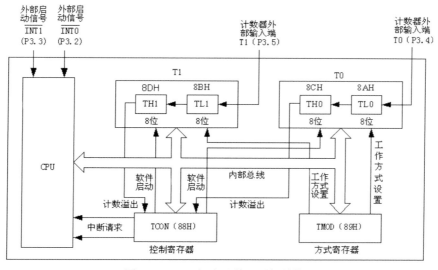

图 3-1　8051 定时/计数器逻辑结构

由图 3-1 可知，8051 定时/计数器由 T0、T1，方式寄存器 TMOD 和控制寄存器 TCON 四大部分组成，下面我们从定时/计数器的工作过程来说明各部分的作用。

定时/计数器的工作过程如下：

（1）设置定时/计数器的工作方式。通过对方式寄存器 TMOD 的设置，确定相应的定时/计数器是定时功能还是计数功能，以及工作方式及启动方法。

小知识

T0 和 T1 可编程选择为定时功能与计数功能，二者有什么不同？

T0 或 T1 用作计数器时，对从芯片引脚 T0（P3.4）或 T1（P3.5）上输入的脉冲进行计数，外部脉冲的下降沿将触发计数，每输入一个脉冲，加法计数器加 1。

用作定时器时，对内部机器周期脉冲进行计数，由于机器周期是定值，故计数值确定时，定时时间也随之确定。如果单片机系统采用 12MHz 晶振，则计数周期为：$T=1/(12 \times 10^6) \times 12=1\mu s$，这是最短的定时周期。适当选择定时器的初值可获取各种定时时间。

定时/计数器的工作方式有四种：方式 0、方式 1、方式 2 和方式 3。

定时/计数器的启动方式有两种：软件启动和硬软件共同启动。一般采用软件启动。从图 3-1 中可以看到除从控制寄存器 TCON 发出的软件启动信号外，还有外部启动信号引脚，这两个引脚也是单片机的外部中断输入引脚。

（2）设置计数初值。T0、T1 是 16 位加法计数器，分别由两个 8 位专用寄存器组成，T0 由 TH0 和 TL0 组成，T1 由 TH1 和 TL1 组成。TL0、TL1、TH0、TH1 的访问地址依次为 8AH～8DH，每个寄存器均可被单独访问，因此可以被设置为 8 位、13 位或 16 位的计数器使用。

计数器的位数确定了计数器的计数范围。8 位计数器的计数范围是 0～255（FFH），其最大计数值为 256。同理，16 位计数器的计数范围是 0～65535（FFFFH），其最大计数值为 65536。

在计数器允许的计数范围内，计数器可以从任何值开始计数，对于加 1 计数器，当计到最大值时（如 8 位计数器，当计数值从 255 再加 1 时，计数值变为 0），产生溢出。

定时/计数器可以设定不同初值，初值不同，则计数器产生溢出时，计数个数也不同。例如，对于 8 位计数器，当初值设为 100 时，再加 1 计数 156 个，计数器就产生溢出；当初值设为 200 时，再加 1 计数 56 个，计数器产生溢出。

（3）启动定时/计数器。根据第（1）步中设置的定时/计数器的启动方式，启动定时/计数器。如果采用软件启动，则需要把控制寄存器中的 TR0 或 TR1 置 1；如果采用硬软件共同启动方式，不仅需要把控制寄存器中的 TR0 或 TR1 置 1，还需要相应外部启动信号为高电平。

小知识

当设置了定时器的工作方式并启动定时器工作后，定时器就按设定的工作方式独立工作，不再占用 CPU 的操作时间，只有在计数器计满溢出时才可能中断 CPU 当前的操作。

（4）计数溢出。计数溢出标志位在控制寄存器 TCON 中，用于通知用户定时/计数器已经计满，用户可以采用查询方式或中断方式进行操作。

2. 定时/计数器工作方式寄存器 TMOD

TMOD 为定时/计数器的工作方式寄存器，其格式如下：

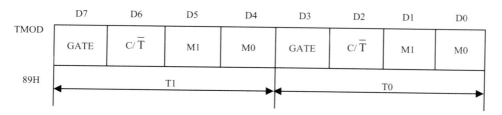

TMOD 的低 4 位为 T0 的方式字段，高 4 位为 T1 的方式字段，它们的含义完全相同。

（1）M1 和 M0：方式选择位。其含义如表 3-1 所示。

表 3-1　方式选择位的含义

M1	M0	工作方式	功能说明
0	0	方式 0	13 位计数器
0	1	方式 1	16 位计数器
1	0	方式 2	初值自动重载 8 位计数器
1	1	方式 3	T0：分成两个 8 位计数器 T1：停止计数

（2）$C/\overline{T}$：功能选择位。$C/\overline{T}=0$ 时，设置为定时器工作方式；$C/\overline{T}=1$ 时，设置为计数器工作方式。

（3）GATE：门控位。当 GATE =0 时，为软件启动方式，将 TCON 寄存器中的 TR0 或 TR1 置 1 即可启动相应定时器；当 GATE=1 时，为硬软件共同启动方式，软件控制位 TR0 或 TR1 需置 1，同时还需 $\overline{INT0}$（P3.2）或 $\overline{INT1}$（P3.3）引脚为高电平才能启动相应的定时器，即允许外中断 $\overline{INT0}$、$\overline{INT1}$ 启动定时器。

> **小知识**
>
> TMOD 不能进行位寻址，只能用字节指令设置定时器工作方式，高 4 位定义 T1，低 4 位定义 T0。复位时，TMOD 所有位均清零。

本任务中设置 T1 为软件启动方式、定时功能、工作方式 1，则 GATE=0、$C/\overline{T}=0$、M1M0=01，因此，高 4 位应为 0001；T0 未用，低 4 位可随意置数，但低两位不可为 11（因工作方式 3 时，T1 停止计数），一般将其设为 0000。因此，采用下面语句设置定时/计数器的工作方式：

```
TMOD=0x10;          //设置 T1 为工作方式 1
```

3. 定时/计数器控制寄存器 TCON

定时/计数器控制寄存器 TCON 的作用是控制定时器的启动、停止，标识定时器的溢出和中断情况。TCON 的格式如下：

	8FH	8EH	8DH	8CH	8BH	8AH	89H	88H
TCON 88H	TF1	TR1	TF0	TR0	IE1	IT1	IE0	IT0

各位的含义如表 3-2 所示。

表 3-2　控制寄存器 TCON 各位的含义

控制位		位名称	说明
TF1	T1 溢出中断标志	TCON.7	当 T1 计数满产生溢出时，由硬件自动置 TF1=1。在中断允许时，该位向 CPU 发出 T1 的中断请求，进入中断服务程序后，该位由硬件自动清零。在中断屏蔽时，TF1 可做查询测试用，此时只能由软件清零
TR1	T1 运行控制位	TCON.6	由软件置 1 或清零来启动或关闭 T1。当 GATE=1，且 $\overline{INT1}$ 为高电平时，TR1 置 1 启动 T1；当 GATE=0 时，TR1 置 1 即可启动 T1
TF0	T0 溢出中断标志	TCON.5	与 TF1 相同
TR0	T0 运行控制位	TCON.4	与 TR1 相同
IE1	外部中断 1（$\overline{INT1}$）请求标志位	TCON.3	控制外部中断，与定时/计数器无关
IT1	外部中断 1 触发方式选择位	TCON.2	
IE0	外部中断 0（$\overline{INT0}$）请求标志位	TCON.1	
IT0	外部中断 0 触发方式选择位	TCON.0	

　　TCON 中的低 4 位用于控制外部中断，与定时/计数器无关，将在项目五中介绍。当系统复位时，TCON 的所有位均清零。

　　TCON 的字节地址为 88H，可以进行位寻址，溢出标志位清零或启动定时器都可以用位操作语句，例如：

```
TR1=1;              //启动 T1
TF1=0;              //T1 溢出标志位清零
```

本任务中程序采用查询溢出标志位 TF1 方式确认 50ms 定时时间到，查询语句如下：

```
While(!TF1);        //TF1 由 0 变 1，定时时间到，或者改为 While(TF1==0);也可以
TF1=0;              //查询方式下，TF1 必须由软件清零
```

二、定时/计数器的工作方式

1. 工作方式 0

工作方式 0 构成一个 13 位定时/计数器，最大计数值 M=8192。图 3-2 是 T0 在方式 0 时的逻辑电路结构，T1 的结构和操作与 T0 完全相同。

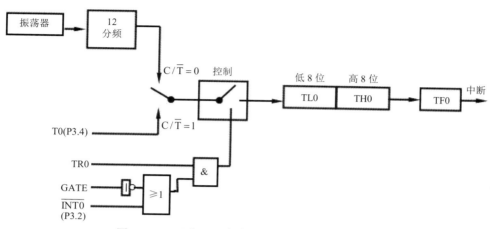

图 3-2　T0（或 T1）在方式 0 时的逻辑电路结构

在图 3-2 中，$C/\overline{T}$ 和 GATE 的作用分别是什么？

当 $C/\overline{T}$=0 时，多路开关连接 12 分频器输出，T0 为定时功能，对机器周期计数，定时时间为：(8191-初值)×时钟周期×12。

当 $C/\overline{T}$=1 时，多路开关与 T0（P3.4）相连，外部计数脉冲由 T0 脚输入，当外部信号电平发生由 1 到 0 的负跳变时，计数器加 1，T0 为计数功能。

当 GATE=0 时，或门被封锁，$\overline{INT0}$ 信号无效。或门输出常 1，打开与门，TR0 直接控制 T0 的启动和关闭。TR0=1，接通控制开关，T0 从初值开始计数直到溢出。溢出时，13 位加法计数器为 0，TF0 置位，并申请中断。如要循环计数，则定时器 T0 需重置初值，且需用软件将 TF0 复位。TR0=0，则与门被封锁，控制开关被关断，停止计数。

由图 3-2 可知，在工作方式 0 下，16 位加法计数器（TH0 和 TL0）只用了 13 位。其中，TH0 占高 8 位，TL0 占低 5 位（只用低 5 位，高 3 位未用，一般清零），M=2^{13}=8192，如图 3-3 所示。

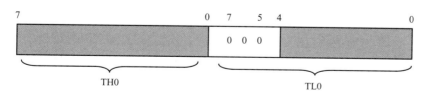

图 3-3　工作方式 0 下的 13 位定时/计数器

当 TL0 低 5 位溢出时自动向 TH0 进位，而 TH0 溢出时向中断位 TF0 进位（硬件自动置位），并申请中断。

用 T1 的工作方式 0 实现延时 1s 的延时函数（晶振 12MHz）示例：

方式 0 采用 13 位计数器，其最大定时时间为：8192×1μs=8.192ms，因此，可选择定时时间为 5ms，再循环 200 次。

定时时间为 5ms，则计数值为 5ms/1μs=5000，T1 的初值为：

X=M−计数值=8191−5000=3192=C78H=0110001111000B

如图 3-3 所示，13 位计数器中 TL1 的高 3 位未用，填写 0，TH1 占高 8 位，所以，X 的实际填写值应为：

X=0110001100011000B=6318H

用 T1 的工作方式 0 实现 1s 延时函数如下：

```
void delay1s( )
{
    unsigned char   i;
    TMOD=0x00;
    for(i=0; i<200; i++)
    {
        TH1=0x63;
        TL1=0x18;
        TR1=1;
        While(!TF1);
        TF1=0;
    }
}
```

2．工作方式 1

定时/计数器在工作方式 1 时，其逻辑结构如图 3-4 所示。

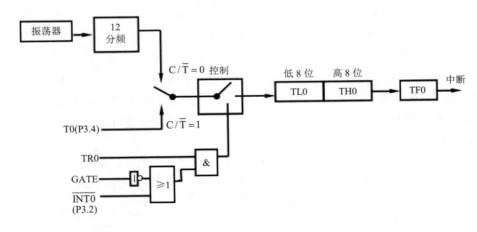

图 3-4　T0（或 T1）在方式 1 时的逻辑电路结构

方式 1 是 16 位定时/计数器，最大计数值 M=65536，其结构和操作与方式 0 完全相同，不同之处是二者计数位数不同。用作定时器时，定时时间为：(65536−初值)×时钟周期×12。

任务 1 中的 1s 延时函数就是采用这种工作方式，这里不再赘述。

3．工作方式 2

定时/计数器在工作方式 2 时，其逻辑结构如图 3-5 所示。

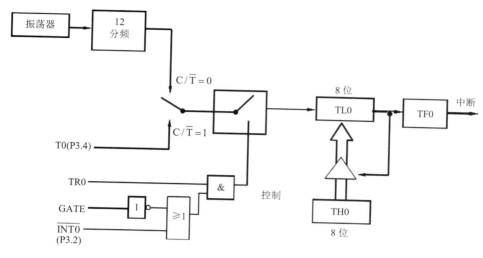

图 3-5　T0（或 T1）在方式 2 时的逻辑电路结构

在工作方式 2 中，16 位加法计数器的 TH0 和 TL0 具有不同功能，TL0 是 8 位计数器，TH0 是重置初值的 8 位缓冲器，因此最大计数值 M=256。

在工作方式 0 和工作方式 1 下，每次计数溢出后，计数器自动复位为 0，要进行新一轮计数，必须重置计数初值。而工作方式 2 具有初值自动装载功能，适合用于较精确的定时场合，定时时间为：(256-初值)×时钟周期×12。

在工作方式 2 中，TL0 用作 8 位计数器，TH0 用来保持初值。编程时，TL0 和 TH0 必须由软件赋予相同的初值。一旦 TL0 计数溢出，TF0 将被置位，同时，TH0 中保存的初值自动装入 TL0，进入新一轮计数，如此重复循环不止。

用 T1 的工作方式 2 实现 1s 延时函数（晶振 12MHz）示例：

因工作方式 2 是 8 位计数器，其最大定时时间为：256×1μs=256μs，为实现 1s 延时，可选择定时时间为 250μs，再循环 4000 次。定时时间选定后，可确定计数值为 250，则 T1 的初值为：X=M-计数值=256-250=6H。采用 T1 的工作方式 2，因此，TMOD=0x20。

用 T1 的工作方式 2 实现的 1s 延时函数程序如下。

```
void delay1s( )
{
    unsigned int i;
    TMOD=0x20;
    TH1=6;
    TL1=6;
    for(i=0;i<4000;i++)
    {
        TR1=1;
```

```
        while(!TF1);
        TF1=0;
        }
    }
```

4. 工作方式3

定时/计数器在工作方式 3 时，其逻辑结构如图 3-6 所示。

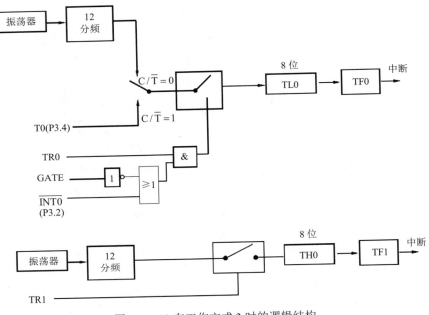

图 3-6　T0 在工作方式 3 时的逻辑结构

只有 T0 可以设置为工作方式 3，T1 设置为工作方式 3 后不工作。T0 在工作方式 3 时的工作情况如下：

T0 被分解成两个独立的 8 位计数器 TL0 和 TH0。

TL0 占用 T0 的控制位、引脚和中断源，包括 C/$\overline{\text{T}}$、GATE、TR0、TF0 和 T0（P3.4）引脚、$\overline{\text{INT0}}$（P3.2）引脚。既可定时亦可计数，除计数位数不同于工作方式 0 外，其功能、操作与工作方式 0 完全相同。

TH0 占用 T1 的控制位 TF1 和 TR1，同时还占用了 T1 的中断源，其启动和关闭仅受 TR1 控制。TH0 只能对机器周期进行计数，可以用作简单的内部定时，不能用作对外部脉冲进行计数，是 T0 附加的一个 8 位定时器。TL0 和 TH0 的定时时间分别为：(256-初值)×时钟周期×12 和(256-初值)×时钟周期×12。

【任务实施】

1. 硬件接线图

单片机控制 LED 电路如图 3-7 所示。

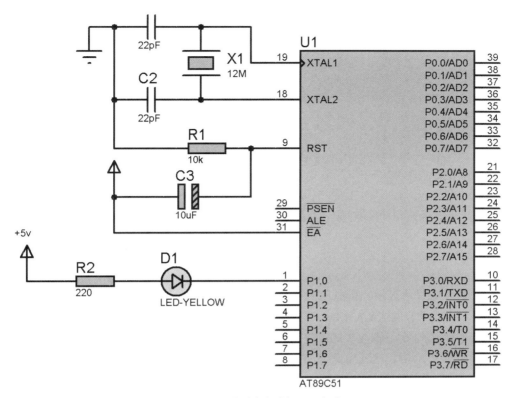

图 3-7　单片机控制 LED 电路

2. 元器件选型（表 3-3）

表 3-3　航标灯控制系统元器件清单

元器件名称	参数	数量	元器件名称	参数	数量
IC 插座	DIP40	1	发光二极管		1
单片机	AT89C51	1	电阻	220Ω	1
晶体振荡器	12MHz	1	电阻	10kΩ	1
瓷片电容	30pF	2	电解电容	22μF	1

3. 编写程序

```
//功能：间隔显示时间为 1s 的 LED 灯控制程序
#include <reg51.h>
sbit P1_0=P1^0;
void delay1s();
void main()
{
    while(1) {
        P1_0=0;
        delay1s();
        P1_0=1;
        delay1s();
```

```
        }
    }

    void delay1s()
    {
        unsigned char   i;
        TMOD=0x00;                  //置 T1 为工作方式 0
        for(i=0;i<200;i++)          //设置 200 次循环次数
        {
            TH1=0x63;               //设置定时器初值
            TL1=0x18;
            TR1=1;                  //启动 T1
            while(!TF1);            //查询计数是否溢出，即定时 5ms 时间到，TF1=1
            TF1=0;                  //5ms 定时时间到，将定时器溢出标志位 TF1 清零
        }
    }
```

4. 仿真与调试

经 Keil 软件编译通过后，可利用 Proteus 软件进行仿真。在 Proteus ISIS 编辑环境中绘制仿真电路图，将编译好的"ex3_1.hex"文件载入 Proteus ISIS 编辑环境中的 AT89C51，启动仿真，即可观察到 P1.0 引脚控制的 LED 灯实现间隔 1s 闪烁。再将此".hex"文件下载到实验板上 AT89C51 芯片中，接通电路板电源，可看到实验板与仿真软件呈现同样的显示效果。

5. 评价标准

考核项目		考核内容	考核标准				得分
			A	B	C	D	
学习过程 （30 分）	制作秒闪航标灯	了解定时/计数器原理、初值计算和寄存器设置	10	8	6	4	
		熟练掌握定时/计数器的编程方法，会编写秒闪航标灯程序	20	16	12	8	
操作能力 （40 分）	电路设计	元器件布局合理、美观，符合电子产品规范	10	8	6	4	
	硬件电路绘制	熟练运用 Proteus 软件绘制电路	10	8	6	4	
	程序设计与流程	程序模块划分正确，流程图符合规范、标准，程序编写正确	10	8	6	4	
	程序调试	调试过程有步骤、有分析，编程平台使用熟练	10	8	6	4	
实践结果 （30 分）	系统调试	达到设计所规定的功能和技术指标	10	8	6	4	
	故障分析	对调试过程中出现的问题能分析并解决	10	8	6	4	
	综合表现	学习态度、学习纪律、团队精神、安全操作等	10	8	6	4	
总分			100	80	60	40	
教师签名		学生签名		班级			

【任务拓展】

用单片机 P2 口控制 8 个 LED 发光二极管间隔 1s 顺序点亮实现流水灯控制，通过这个任务设计与制作，熟悉 MCS-51 系列单片机定时器的结构及定时器的工作方式设定、初始值设置等基本技能。

1. 硬件电路及元器件（见图 3-8 和表 3-4）

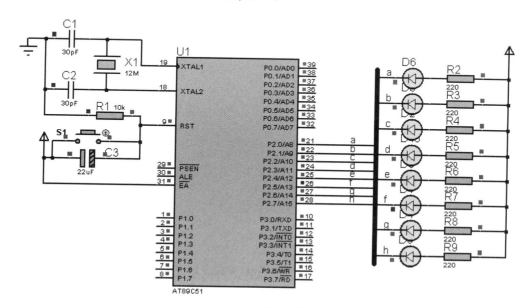

图 3-8　硬件电路

表 3-4　元器件选型

元器件名称	参数	数量	元器件名称	参数	数量
IC 插座	DIP40	1	发光二极管		8
单片机	AT89C51	1	电阻	220Ω	8
晶体振荡器	12MHz	1	电阻	10kΩ	1
瓷片电容	30pF	2	电解电容	22μF	1
弹性按键		1			

2. 程序设计

```
//功能：间隔显示时间为 1s 的流水灯控制程序
#include<reg51.h>        //包含头文件 reg51.h
//函数名：delay1s
//函数功能：在 T1 工作方式 1 下的 1 秒钟延时函数，采用查询方式实现
void delay1s()
{
    unsigned char i;
    for(i=0;i<20;i++)        //设置 20 次循环次数
```

```
    {
        TH1=(65536-50000)/256;          //设置定时器初值为 3CH
        TL1=(65536-50000)%256;          //设置定时器初值为 B0H
        TR1=1;                //启动 T1
        while(!TF1);          //查询计数是否溢出，即定时 50ms 时间到，TF1=1
        TF1=0;                //50ms 定时时间到，将 T1 溢出标志位 TF1 清零
    }
}
void main()               //主函数
{
    unsigned char i,w;
    TMOD=0x10;            //设置 T1 为工作方式 1
    while(1) {
        w=0x01;          //显示码初值为 01H
        for(i=0;i<8;i++)
        {
            P1=~w;       //w 取反后送 P1 口，点亮相应 LED 灯
            w<<=1;       //点亮灯的位置移动
            delay1s();   //调用 1 秒延时函数
        }
    }
}
```

任务 2　制作光控航标灯

【任务描述】

制作一个光控航标灯，用某一开关的闭合与断开模拟黑夜与白昼，开关闭合表示黑夜到来，航标灯开始闪烁；开关断开表示白天，航标灯停止闪烁。

【技能目标】

1. 理解单片机中断系统工作原理。
2. 熟悉单片机中断有关寄存器的功能。
3. 掌握单片机中断程序的编写。
4. 掌握单片机中断系统的实践应用。

【知识链接】

一、中断系统

1. 中断及相关概念

中断是指通过硬件来改变 CPU 的运行方向。计算机在执行程序的过程中，外部设备向

CPU 发出中断请求信号，要求 CPU 暂时中断当前程序的执行而转去执行相应的处理程序，待处理程序执行完毕后，再继续执行原来被中断的程序。这种程序在执行过程中由于外界的原因而被中间打断的情况称为"中断"。

下面给出几个与中断相关的概念。

（1）中断服务程序：CPU 响应中断后，转去执行相应的处理程序，该处理程序通常称为中断服务程序。

（2）主程序：原来正常运行的程序称为主程序。

（3）断点：主程序被断开的位置（或地址）称为断点。

（4）中断源：引起中断的原因，或能发出中断申请的来源，称为中断源。

（5）中断请求：中断源要求服务的请求称为中断请求（或中断申请）。

2. 中断的特点

（1）同步工作

中断是 CPU 与接口之间的信息传送方式之一，它使 CPU 与外设同步工作，较好地解决了 CPU 与慢速外设之间的配合问题。CPU 在启动外设后继续执行主程序，同时外设也继续工作，每当外设完成一件事就发出中断申请，请求 CPU 中断正在执行的程序，转去执行中断服务程序。中断处理完后，CPU 恢复执行主程序，外设也继续工作。

（2）异常处理

针对难以预料的异常情况，如掉电、存储出错、运算溢出等，可以通过中断系统由故障源向 CPU 发出中断请求，转到相应的故障处理程序进行处理。

（3）实时处理

在实时控制中，现场的各种参数、信息的变化是随机的。这些外界变量可根据要求随时向 CPU 发出中断申请，请求 CPU 及时处理，如中断条件满足，CPU 马上就会响应，转去执行相应的处理程序，从而实现实时控制。

二、MCS-51 中断系统的结构

MCS-51 中断系统的结构如图 3-9 所示。

（1）与中断有关的寄存器有 4 个，分别为中断标志寄存器 TCON 和 SCON、中断允许控制寄存器 IE 和中断优先级控制寄存器 IP。

（2）中断源有 5 个，分别为外部中断 0 请求 $\overline{\text{INT0}}$、外部中断 1 请求 $\overline{\text{INT1}}$、T0 溢出中断请求 TF0、T1 溢出中断请求 TF1 和串行口中断请求 RI 或 TI。

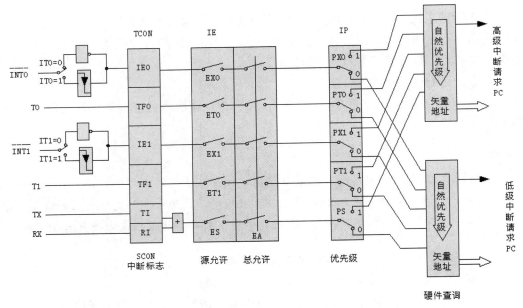

图 3-9　MCS-51 中断系统的内部结构

（3）中断标志位分布在 TCON 和 SCON 两个寄存器中，当中断源向 CPU 申请中断时，相应中断标志由硬件置位。例如，当 T0 产生溢出时，T0 中断请求标志位 TF0 由硬件自动置位，向 CPU 请求中断处理。

（4）中断允许控制位分为中断允许总控制位 EA 与中断源控制位，它们集中在 IE 寄存器中，用于控制中断的开放和屏蔽。

（5）5 个中断源的排列顺序由中断优先级控制寄存器 IP 和自然优先级共同确定。

三、中断有关寄存器

1. 中断源

MCS-51 系列单片机中断源如表 3-5 所示。

表 3-5　MCS-51 系列单片机中断源

序号	中断源		说　明
1	$\overline{INT0}$	外部中断 0 请求	由 P3.2 引脚输入，通过 IT0 位（TCON.0）来决定是低电平有效还是下降沿有效。一旦输入信号有效，即向 CPU 申请中断，并建立 IE0（TCON.1）中断标志
2	$\overline{INT1}$	外部中断 1 请求	由 P3.3 引脚输入，通过 IT1 位（TCON.2）来决定是低电平有效还是下降沿有效。一旦输入信号有效，即向 CPU 申请中断，并建立 IE1（TCON.3）中断标志
3	TF0	T0 溢出中断请求	当 T0 产生溢出时，T0 溢出中断标志位 TF0（TCON.5）置位（由硬件自动执行），请求中断处理

续表

序号	中断源		说　明
4	TF1	T1 溢出中断请求	当 T1 产生溢出时，T1 溢出中断标志位 TF1（TCON.7）置位（由硬件自动执行），请求中断处理
5	RI 或 TI	串行口中断请求	当接收或发送完一个串行帧时，内部串行口中断请求标志位 RI（SCON.0）或 TI（SCON.1）置位（由硬件自动执行），请求中断

2. 中断标志

对应每个中断源有一个中断标志位，分别分布在定时控制寄存器 TCON 和串行口控制寄存器 SCON 中。中断标志如表 3-6 所示。

表 3-6　MCS-51 中断系统中的中断标志位

中断标志位		位名称	说　明
TF1	T1 溢出中断标志	TCON.7	T1 被启动计数后，从初值开始加 1 计数,计满溢出后由硬件置位 TF1,同时向 CPU 发出中断请求，此标志一直保持到 CPU 响应中断后才由硬件自动清 0。也可由软件查询该标志，并由软件清 0。前述的定时器编程都是采用查询方式实现
TF0	T0 溢出中断标志	TCON.5	T0 被启动计数后,从初值开始加 1 计数,计满溢出后由硬件置位 TF0,同时向 CPU 发出中断请求，此标志一直保持到 CPU 响应中断后才由硬件自动清 0。也可由软件查询该标志，并由软件清 0
IE1	INT1 中断标志	TCON.3	IE1=1，外部中断 1 向 CPU 申请中断
IT1	INT1 中断触发方式控制位	TCON.2	当 IT1=0，外部中断 1（P3.3 引脚输入）控制为电平触发方式；当 IT1=1，外部中断 1 控制为边沿（下降沿）触发方式
IE0	INT0 中断标志	TCON.1	IE0=1，外部中断 0 向 CPU 申请中断
IT0	INT0 中断触发方式控制位	TCON.0	当 IT0=0，外部中断 0（P3.2 引脚输入）控制为电平触发方式；当 IT0=1，外部中断 0 控制为边沿（下降沿）触发方式
TI	串行发送中断标志	SCON.1	CPU 将数据写入发送缓冲器 SBUF 时，启动发送，每发送完一个串行帧，硬件都使 TI 置位；但 CPU 响应中断时并不自动清除 TI，必须由软件清除
RI	串行接收中断标志	SCON.0	当串行口允许接收时，每接收完一个串行帧，硬件都使 RI 置位；同样，CPU 在响应中断时不会自动清除 RI，必须由软件清除

提示：

（1）在表 3-6 中，IT1 和 IT0 为斜体字，它们不是中断标志位，而是外部中断的中断触发方式控制位。

（2）单片机系统复位后，TCON 和 SCON 均清零，应用时要注意各位的初始状态。

3. 中断的开放和禁止

MCS-51 系列单片机的 5 个中断源都是可屏蔽中断，中断系统内部设有一个专用寄存器 IE，用于控制 CPU 对各中断源的开放或屏蔽。IE 寄存器格式如下：

IE(A8H)	D7	D6	D5	D4	D3	D2	D1	D0
	EA	×	×	ES	ET1	EX1	ET0	EX0

各中断允许位的含义如表 3-7 所示。

表 3-7　MCS-51 中断系统中断允许位的含义

中断允许位		位名称	说明
EA	总中断允许控制位	IE.7	EA=1，开放所有中断，各中断源的允许和禁止可通过相应的中断允许位单独加以控制；EA=0，禁止所有中断
ES	串行口中断允许位	IE.4	ES=1，允许串行口中断；ES=0，禁止串行口中断
ET1	T1 中断允许位	IE.3	ET1=1，允许 T1 中断；ET1=0，禁止 T1 中断
EX1	外部中断 1 中断允许位	IE.2	EX1=1，允许外部中断 1 中断；EX1=0，禁止外部中断 1 中断
ET0	T0 中断允许位	IE.1	ET0=1，允许 T0 中断；ET0=0，禁止 T0 中断
EX0	外部中断 0 中断允许位	IE.0	EX0=1，允许外部中断 0 中断；EX0=0，禁止外部中断 0 中断

8051 单片机系统复位后，IE 寄存器中各中断允许位均被清零，即禁止所有中断。

主函数中，开放中断源采用了以下语句：

EA=1;　　 //打开中断总允许位
EX0=1;　 //打开外部中断 0 允许位
IT0=1;　　 //置外部中断为边沿（下降沿）触发方式

4. 中断的优先级别

MCS-51 系列单片机有两个中断优先级：高优先级和低优先级。

每个中断源都可以通过设置中断优先级寄存器 IP 确定为高优先级中断或低优先级中断，实现二级嵌套。同一优先级别的中断源可能不止一个，因此，也需要进行优先权排队。同一优先级别的中断源采用自然优先级。

中断优先级寄存器 IP，用于锁存各中断源优先级控制位。IP 中的每一位均可由软件来置 1 或清 0，1 表示高优先级，0 表示低优先级。其格式如下：

IP(B8H)	D7	D6	D5	D4	D3	D2	D1	D0
	×	×	×	PS	PT1	PX1	PT0	PX0

各中断优先级控制位的含义如表 3-8 所示。

表 3-8 MCS-51 中断系统中断优先级控制位的含义

中断优先级控制位		位名称	说明
PS	串行口中断优先控制位	IP.4	PS=1，设定串行口为高优先级中断；PS=0，设定串行口为低优先级中断
PT1	定时器 T1 中断优先控制位	IP.3	PT1=1，设定定时器 T1 为高优先级中断；PT1=0，设定定时器 T1 为低优先级中断
PX1	外部中断 1 中断优先控制位	IP.2	PX1=1，设定外部中断 1 为高优先级中断；PX1=0，设定外部中断 1 为低优先级中断
PT0	定时器 T0 中断优先控制位	IP.1	PT0=1，设定定时器 T0 为高优先级中断；PT0=0，设定定时器 T0 为低优先级中断
PX0	外部中断 0 中断优先控制位	IP.0	PX0=1，设定外部中断 0 为高优先级中断；PX0=0，设定外部中断 0 为低优先级中断

当系统复位后，IP 低 5 位全部清零，所有中断源均设定为低优先级中断。

同一优先级的中断源将通过内部硬件查询逻辑，按自然优先级顺序确定其优先级别。自然优先级由硬件形成，排列如下：

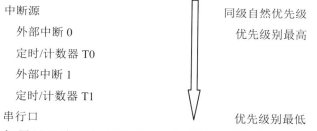

中断源　　　　　　　　　　　　同级自然优先级
　外部中断 0　　　　　　　　　　优先级别最高
　定时/计数器 T0
　外部中断 1
　定时/计数器 T1
串行口　　　　　　　　　　　　优先级别最低

如果只开放一个中断源，没有必要设置优先级。如果程序中没有中断优先级设置指令，则中断源按自然优先级进行排列。实际应用中常把 IP 寄存器和自然优先级相结合，使中断的使用更加方便、灵活。

四、中断处理过程

中断处理过程包括中断响应和中断处理两个阶段。不同的计算机因其中断系统的硬件结构不同，其中断响应的方式也有所不同。这里介绍 MCS-51 系列单片机的中断过程并对中断响应时间加以讨论。

1. 中断响应

中断响应是指 CPU 对中断源中断请求的响应。CPU 并非任何时刻都能响应中断请求，而是在满足所有中断响应条件且不存在任何一种中断阻断情况时才会响应。

CPU 响应中断的条件：①有中断源发出中断请求；②中断总允许位 EA 置 1；③申请中断的中断源允许位置 1。

CPU 响应中断的阻断情况有：①CPU 正在响应同级或更高优先级的中断；②当前指令未执行完；③正在执行中断返回或访问寄存器 IE 和 IP。

2. 中断处理

中断响应过程就是自动调用并执行中断函数的过程。

C51 编译器支持在 C 源程序中直接以函数形式编写中断服务程序。常用的中断函数定义语法如下：

　　void　函数名()　　　　interrupt　n

其中 n 为中断类型号，n 取值范围 0～31，C51 编译器允许 0～31 个中断。8051 控制器提供的 5 个中断源所对应的中断类型号和中断服务程序入口地址如表 3-9 所示。

表 3-9　MCS-51 系列单片机中断源、中断类型号、中断服务程序入口地址

中断源	n（中断类型号）	中断服务程序入口地址
外部中断 0	0	0003H
定时/计数器 0	1	000BH
外部中断 1	2	0013H
定时/计数器 1	3	001BH
串行口	4	0023H

五、中断源扩展方法

MCS-51 系列单片机仅有两个外部中断请求输入端 $\overline{INT0}$ 和 $\overline{INT1}$，在实际应用中，若外部中断源超过两个，则需扩充外部中断源。下面重点介绍一种扩充外部中断源的方法。

在定时器的两个中断标志 TF0 或 TF1、外部计数器 T0（P3.4）或 T1（P3.5）没有被使用的情况下，可以将它们扩充为外部中断源。方法如下：

将定时器设置成计数方式，计数初值可设为满量程（对于 8 位计数器，初值设为 255，依次类推），当它们的计数输入端 T0 或 T1 引脚发生负跳变时，计数器将加 1 产生溢出中断。利用此特性，可把 T0（P3.4）引脚或 T1（P3.5）引脚作为外部中断请求输入端，把计数器溢出中断作为外部中断请求标志。

例如：将 T0 扩展为外部中断源，将计数器 T0 设定为工作方式 2（初值自动重载工作方式），TH0 和 TL0 的初值设为 FFH，允许 T0 中断，则 CPU 开放中断，程序如下：

```
TMOD=0x06;
TH0=0xff;
TL0=0xff;
TR0=1;
ET0=1;
EA=1;
    ⋮
```

当连接在 T0 引脚上的外部中断请求输入线发生负跳变时，TL0 加 1 溢出，TF0 置 1，向 CPU 发出中断申请。T0 引脚相当于边沿触发的外部中断源输入线。

【任务实施】

1. 硬件接线图（见图 3-10）

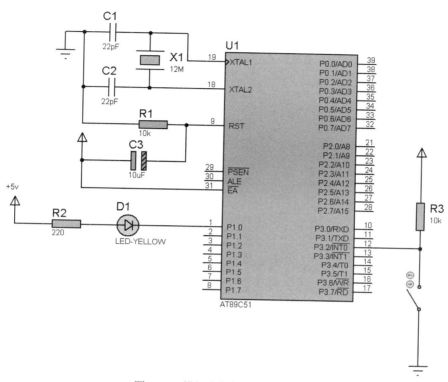

图 3-10　模拟光控航标灯控制电路

2. 元器件清单

图 3-10 所示电路的元器件清单如表 3-10 所示。

表 3-10　模拟光控航标灯控制系统元器件清单

元器件名称	参数	数量	元器件名称	参数	数量
IC 插座	DIP40	1	按键		1
单片机	AT89C51	1	发光二极管		1
晶体振荡器	12MHz	1	电阻	10kΩ	1
瓷片电容	30pF	2	电解电容	22μF	1
电阻	220Ω	1			

3. 编写程序

```
//功能：光控航标灯的控制程序
#include<reg51.h>          //包含头文件 reg51.h
#define uchar unsigned char
sbit LED1=P1^0;
```

```
uchar counter=0;
timer0() interrupt 1
{   TH0=-20000/256;
    TL0=-20000%256;
    counter++;
    if(counter==50)
      {  LED1=~LED1;
         counter=0;
      }
}
void int0(void) interrupt 0
{
    LED1=~LED1;
}
 void main(void)
{   TMOD=0x01;
    TH0=-20000/256;
    TL0=-20000%256;
    ET0=1;
    TR0=1;
    EX0=1;
    IT0=0;
    EA=1;
    while(1);
}
```

4. 仿真与调试

　　经 Keil 软件编译通过后，可利用 Proteus 软件进行仿真。在 Proteus ISIS 编辑环境中绘制仿真电路图，将编译好的"ex3_2.hex"文件载入 Proteus ISIS 编辑环境中的 AT89C51，启动仿真，即可观察到光控航标灯显示状态。再将此".hex"文件下载到实验板上 AT89C51 芯片中，接通电路板电源，可看到实验板与仿真软件呈现同样的模拟显示效果。

5. 评价标准

考核项目		考核内容	考核标准				得分
			A	B	C	D	
学习过程 （30分）	了解中断的相关知识	学会用中断的方法进行定时处理	10	8	6	4	
		熟练掌握定时器和中断的编程方法，会编写秒表程序	20	16	12	8	
操作能力 （40分）	电路设计	元器件布局合理、美观，符合电子产品规范	10	8	6	4	
	硬件电路绘制	熟练运用 Proteus 软件绘制电路	10	8	6	4	
	程序设计与流程	程序模块划分正确，流程图符合规范、标准，程序编写正确	10	8	6	4	
	程序调试	调试过程有步骤、有分析，编程平台使用熟练	10	8	6	4	

续表

| | 考核项目 | 考核内容 | 考核标准 | | | | 得分 |
			A	B	C	D	
实践结果 （30分）	系统调试	达到设计所规定的功能和技术指标	10	8	6	4	
	故障分析	对调试过程中出现的问题能分析并解决	10	8	6	4	
	综合表现	学习态度、学习纪律、团队精神、安全操作等	10	8	6	4	
总分			100	80	60	40	

教师签名		学生签名		班级	

【任务拓展】

要求：当有紧急情况时，可以按紧急情况按钮，使本方向变成 5 秒或者 3 秒的绿灯。

1. 硬件接线图（见图 3-11）

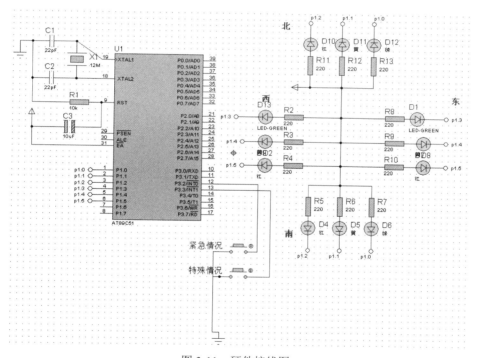

图 3-11　硬件接线图

2. 程序设计

```
#include<reg51.h>
//   unsigned char t0,t1;
void delay0_5s()//0.5 秒定时
{
  unsigned char t0;
```

```
    for(t0=0;t0<10;t0++)
   {
      TH1=(65536-50000)/256;
      TL1=(65536-50000)%256;
      TR1=1;
      while(!TF1);
      TF1=0;}
}
void delay_t(unsigned char t)//实现 0.5s*t 的延时
{
      unsigned char t1;
      for(t1=0;t1<t;t1++)
          delay0_5s();
}
void int_0() interrupt 0
{
      unsigned char i,j,k,l,m;
//    i=P1;
//    j=t0;
//    k=t1;
//    l=TH1;
//    m=TL1;
      P1=0xdb;delay_t(6);
//    P1=i;
//    t0=j;
//    t1=k;
//    TH1=l;
//    TL1=m;
}
void int_1() interrupt 2
{
      unsigned char i,j,k,l,m;
//    EA=0;//关总中断
//    i=P1;
//    j=t0;
//    k=t1;
//    l=TH1;
//    m=TL1;
//    EA=1;//开总中断
      P1=0xf3;delay_t(10);
//    EA=0;//关总中断
//    P1=i;
//    t0=j;
//    t1=k;
//    TH1=l;
//    TL1=m;
```

```
//        EA=1;//开总中断
}
void main()
{
        unsigned char num;
        TMOD=0x10;
        PX0=1;
        EA=1;
        EX0=1;
        IT0=1;
        EX1=1;
        IT1=1;
        while(1){
          P1=0xf3;delay_t(20);//东西绿，南北红
          for(num=0;num<3;num++)
            {   P1=0xf3;delay0_5s();
                P1=0xfb;delay0_5s();}
          P1=0xeb;delay_t(4);

          P1=0xde;delay_t(20);//东西红，南北绿
          for(num=0;num<3;num++)
            {   P1=0xde;delay0_5s();
                P1=0xdf;delay0_5s();}
          P1=0xdd;delay_t(4);
        }
}
```

项目小结

　　本项目延时函数采用定时器定时，用加法计数器直接对机器周期进行计数。相比之下，定时器定时精确程度要远远高于软件延时。光控航标灯控制系统涉及单片机中断系统的综合应用，重点训练了中断服务函数的编程方法和步骤，依托程序设计，循序渐进地练习了程序综合分析与调试能力，以及在实践中的应用能力。

思考与练习

一、单项选择题

1．MCS-51 系列单片机的定时器 T1 用作定时方式时是（　　）。
　　A．对内部时钟频率计数，一个时钟周期加 1
　　B．对内部时钟频率计数，一个机器周期加 1
　　C．对外部时钟频率计数，一个时钟周期加 1

    D．对外部时钟频率计数，一个机器周期加 1

2．MCS-51 系列单片机的定时器 T1 用作计数方式时计数脉冲是（　　）。

    A．外部计数脉冲由 T1（P3.5）输入

    B．外部计数脉冲由内部时钟频率提供

    C．外部计数脉冲由 T0（P3.4）输入

    D．由外部计数脉冲计数

3．MCS-51 系列单片机的定时器 T1 用作定时方式时，采用工作方式 1，则工作方式控制字为（　　）。

    A．01H   B．05H   C．10H   D．50H

4．MCS-51 系列单片机的定时器 T1 用作计数方式时，采用工作方式 2，则工作方式控制字为（　　）。

    A．60H   B．02H   C．06H   D．20H

5．MCS-51 系列单片机的定时器 T0 用作定时方式时，采用工作方式 1，则初始化编程为（　　）。

    A．TMOD=0x01;   B．TMOD=0x50;

    C．TMOD=0x10;   D．TCON=0x02;

6．启动 T0 开始计数是使 TCON 的（　　）。

    A．TF0 位置 1   B．TR0 位置 1   C．TR0 位置 0   D．TR1 位置 0

7．使 MCS-51 系列单片机的定时器 T0 停止计数的语句是（　　）。

    A．TR0=0;   B．TR1=0;   C．TR0=1;   D．TR1=1;

8．在定时/计数器的计数初值计算中，若设最大计数值为 M，对于工作方式 1 下的 M 值为（　　）。

    A．$M=2^{13}=8132$ B．$M=2^8=256$ C．$M=2^4=16$ D．$M=2^{16}=65536$

9．当外部中断 0 发出中断请求后，中断响应的条件是（　　）。

    A．ET0=1;   B．EX0=1;   C．IE=0x81;   D．IE=0x61;

10．MCS-51 系列单片机 CPU 关中断语句是（　　）。

    A．EA=1;   B．ES=1;   C．EA=0;   D．EX0=1;

11．MCS-51 单片机中，当寄存器 IP=0x81 时，优先级最高的中断是（　　）。

    A．INT1   B．串行口中断

    C．INT0   D．定时/计数器 T0 中断

二、填空题

1．MCS-51 系列单片机定时器的内部结构由＿＿＿＿、＿＿＿＿、＿＿＿＿、＿＿＿＿四部分组成。

2．8051 有两个 16 位可编程定时/计数器 T0 和 T1。它们的功能可由两个控制寄存器＿＿＿＿、＿＿＿＿的内容决定，且定时的时间或计数的次数与＿＿＿＿、＿＿＿＿两个寄存器的初值有关。

3．MCS-51 系列单片机的 T0 用作计数方式时，用工作方式 1，则工作方式控制字为_____。

4．定时器方式寄存器 TMOD 的作用是_____。

5．MCS-51 的中断系统由_____、_____、_____、_____等寄存器组成。

6．MCS-51 的中断源有_____、_____、_____、_____、_____。

7．如果定时器控制寄存器 TCON 中的 IT1 和 IT0 位为 0，则外部中断请求信号方式为_____。

8．单片机内外中断源按优先级别分为高级中断和低级中断，级别的高低是由_____寄存器的置位状态决定的。同一级别中断源的优先顺序是由_____决定的。

9．中断请求信号有_____和_____两种触发方式。

10．外部中断 0 的中断类型号为_____。

三、问答题

1．MCS-51 系列单片机的定时/计数器的定时功能和计数功能有什么不同？

2．当定时/计数器在工作方式 1 下，晶振频率为 6MHz，请计算最短定时时间和最长定时时间各是多少？

3．MCS-51 系列单片机的定时/计数器四种工作方式的特点有哪些？如何进行选择和设定？

4．什么叫中断？中断有什么特点？

5．MCS-51 系列单片机有哪几个中断源？如何设定它们的优先级？

6．中断处理过程包括哪 4 个步骤？简述中断处理过程。

7．中断响应需要哪些条件？

项目四　制作电子表

任务 1　制作简易秒表

【任务描述】

用单片机控制一个 LED 数码管实现一位数简易秒表设计，计时范围为 0～9s。通过这个任务制作熟悉单片机与 LED 数码管的接口技术，了解 LED 数码管的结构、工作原理、显示方式和控制方法。

【技能目标】

1. 熟悉 LED 数码管的结构及工作原理
2. 掌握 LED 数码管静态显示接口技术
3. 掌握 LED 数码管动态显示接口技术

【知识链接】

一、LED 数码管的结构

1. LED 数码管的结构

在单片机系统中，通常采用 LED 数码管来显示各种数字或符号。由于它具有显示清晰、亮度高、使用电压低、寿命长的特点，因此使用非常广泛。

单个 LED 数码管的外形如图 4-1 所示，外部引脚结构如图 4-2 所示。

图 4-1　LED 数码管

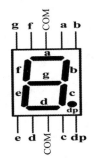

图 4-2　LED 数码管引脚

2. LED 数码管的工作原理

LED 数码管分为共阳极和共阴极两种结构。

（1）共阳极数码管内部结构如图 4-3（a）所示，8 个发光二极管的阳极连接在一起，作为公共控制端（COM），接高电平。阴极作为"段"控制端，当某段控制端为低电平时，该段对应的发光二极管导通并点亮。通过点亮不同的段，显示出不同的字符。如显示数字"1"时，b、c 两端接低电平，其他各端接高电平。

（2）共阴极数码管内部结构如图 4-3（b）所示，8 个发光二极管的阴极连接在一起，作为公共控制端（COM），接低电平。阳极作为"段"控制端，当某段控制端为高电平时，该段对应的发光二极管导通并点亮。

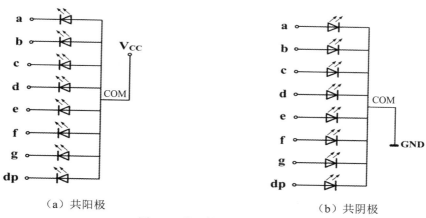

（a）共阳极　　　　　　　　　　　　　（b）共阴极

图 4-3　数码管内部结构

二、LED 数码管显示原理

要使数码管显示出数字或字符，直接将相应的数字或字符送至数码管的段控制端是不行的，必须使段控制端输出相应的字型编码。将单片机 P2 口的 P2.0、P2.1、…、P2.7 八个引脚依次与数码管的 a、b、…、f、dp 八个段控制引脚相连接。如果使用的是共阳极数码管，COM 端接+5V，要显示数字"0"，则数码管的 a、b、c、d、e、f 六个段应点亮，其他段熄灭，需向 P1 口传送数据 11000000B（C0H），该数据就是与字符"0"相对应的共阳极字型编码。若共阴极的数码管 COM 端接地，要显示数字"1"，则数码管的 b、c 两个段点亮，其他段熄灭，需向 P2 口传送数据 00000110（06H），这就是字符"1"的共阴极字型编码。共阴极和共阳极数码管字型编码如表 4-1 所示。

表 4-1　共阳、共阴数码管的显示字型编码

显示字符	共阳极数码管									共阴极数码管								
	dp	g	f	e	d	c	b	a	字型码	dp	g	f	e	d	c	b	a	字型码
0	1	1	0	0	0	0	0	0	C0H	0	0	1	1	1	1	1	1	3FH
1	1	1	1	1	1	0	0	1	F9H	0	0	0	0	0	1	1	0	06H
2	1	0	1	0	0	1	0	0	A4H	0	1	0	1	1	0	1	1	5BH
3	1	0	1	1	0	0	0	0	B0H	0	1	0	0	1	1	1	1	4FH
4	1	0	0	1	1	0	0	1	99H	0	1	1	0	0	1	1	0	66H
5	1	0	0	1	0	0	1	0	92H	0	1	1	0	1	1	0	1	6DH

显示字符	共阳极数码管									共阴极数码管								
	dp	g	f	e	d	c	b	a	字型码	dp	g	f	e	d	c	b	a	字型码
6	1	0	0	0	0	0	1	0	82H	0	1	1	1	1	1	0	1	7DH
7	1	1	1	1	1	0	0	0	F8H	0	0	0	0	0	1	1	1	07H
8	1	0	0	0	0	0	0	0	80H	0	1	1	1	1	1	1	1	7FH
9	1	0	0	1	0	0	0	0	90H	0	1	1	0	1	1	1	1	6FH
A	1	0	0	0	1	0	0	0	88H	0	1	1	1	0	1	1	1	77H
B	1	0	0	0	0	0	1	1	83H	0	1	1	1	1	1	0	0	7CH
C	1	1	0	0	0	1	1	0	C6H	0	0	1	1	1	0	0	1	39H
D	1	0	1	0	0	0	0	1	A1H	0	1	0	1	1	1	1	0	5EH
E	1	0	0	0	0	1	1	0	86H	0	1	1	1	1	0	0	1	79H
F	1	0	0	0	1	1	1	0	8EH	0	1	1	1	0	0	0	1	71H
H	1	0	0	0	1	0	0	1	89H	0	1	1	1	0	1	1	0	76H
L	1	1	0	0	0	1	1	1	C7H	0	0	1	1	1	0	0	0	38H
P	1	0	0	0	1	1	0	0	8CH	0	1	1	1	0	0	1	1	73H

【任务实施】

1. 硬件接线图

用单片机控制 LED 数码管显示的简易秒表硬件电路如图 4-4 所示。图 4-4 采用的是共阳极数码管。如果是共阴极数码管，则须将 COM 端接地。

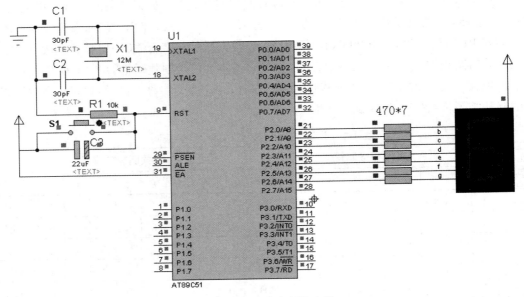

图 4-4　简易秒表硬件电路

2. 元器件选型

图4-4所示电路的元器件清单如表4-2所示。

表4-2　简易秒表电路元器件清单

元器件名称	参数	数量	元器件名称	参数	数量
IC 插座	DIP40	1	弹性按键		1
单片机	AT89C51	1	电阻	470Ω	7
晶体振荡器	12MHz	1	电阻	10kΩ	1
瓷片电容	30pF	2	电解电容	22μF	1
数码管	7 段 LED	1			

3. 编写程序

一位数码管显示的简易秒表程序如下：

```
//功能：0~9 简易秒表
#include<reg51.h>      //共阳极数码管
char code tab[]={0xc0,0xf9,0xa4,0xb0,0x99,0x92,0x82,0xf8,0x80,0x90};
//定义数组 tab 存放数字 0~9 的字型码
void delay1s( ) //采用定时器 1 实现 1s 延时
{
        unsigned char i;
        for(i=0;i<20;i++)
        {
          TH1=(65536-50000)/256;
          TL1=(65536-50000)%256;
          TR1=1;
          while(!TF1);
          TF1=0;
        }
}
void main()   //主函数
{
        unsigned char j;
        TMOD=0x10;              //设置定时器 1 工作在方式 1 下
        while(1) {
        for(j=0;j<10;j++)
          {  P2=tab[j];          //字型显示码送段控制口 P2
             delay1s();
        }
      }
}
```

4. 仿真与调试

经 Keil 软件编译通过后，可利用 Proteus 软件进行仿真。在 Proteus ISIS 编辑环境中绘制仿真电路图，将编译好的 "ex4_1.hex" 文件载入 Proteus ISIS 编辑环境中的 AT89C51，启动仿真，即可观察到 P2 口控制的数码管实现一位简易秒表按照 0～9 的顺序显示。再将此 ".hex" 文件下载到实验板上 AT89C51 芯片中，接通电路板电源，可看到实验板与仿真软件呈现同样的数码显示效果。

5. 评价标准

考核项目		考核内容	考核标准				得分
			A	B	C	D	
学习过程（30 分）	简易秒表设计与制作	了解数码管工作原理	10	8	6	4	
		熟练掌握数组的编程方法，会编写秒表程序	20	16	12	8	
操作能力（40 分）	电路设计	元器件布局合理、美观，符合电子产品规范	10	8	6	4	
	硬件电路绘制	熟练运用 Proteus 软件绘制电路	10	8	6	4	
	程序设计与流程	程序模块划分正确，流程图符合规范、标准，程序编写正确	10	8	6	4	
	程序调试	调试过程有步骤、有分析，编程平台使用熟练	10	8	6	4	
实践结果（30 分）	系统调试	达到设计所规定的功能和技术指标	10	8	6	4	
	故障分析	对调试过程中出现的问题能分析并解决	10	8	6	4	
	综合表现	学习态度、学习纪律、团队精神、安全操作等	10	8	6	4	
总分			100	80	60	40	
教师签名		学生签名	班级				

【任务拓展】

用单片机控制一个 LED 数码管实现一位数倒计时秒表设计，计时范围为 9～0s。通过这个任务制作熟悉单片机与 LED 数码管的接口技术，了解 LED 数码管的结构、工作原理、显示方式和控制方法。

1. 硬件接线图及元器件清单（见图4-5和表4-3）

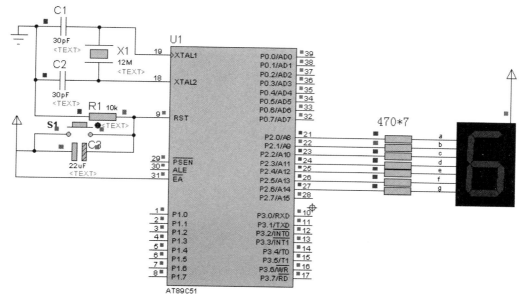

图4-5　硬件接线图

表4-3　元器件选型

元器件名称	参数	数量	元器件名称	参数	数量
IC 插座	DIP40	1	弹性按键		1
单片机	AT89C51	1	电阻	470Ω	7
晶体振荡器	12MHz	1	电阻	10kΩ	1
瓷片电容	30pF	2	电解电容	22μF	1
数码管	7 段 LED	1			

2. 程序设计

一位数码管显示的倒计时秒表程序如下：

```c
//功能：9～0 简易秒表
#include<reg51.h>    //共阳极数码管
char code tab[]={0x90，0x80,0xf8,0x82,0x92,0x99,0xb0,0xa4,0xf9，0xc0 };
//定义数组 tab 存放数字 0～9 的字型码
void delay1s( ) //采用定时器 1 实现 1s 延时
{
    unsigned char i;
    for(i=0;i<20;i++)
    {
        TH1=(65536-50000)/256;
        TL1=(65536-50000)%256;
        TR1=1;
        while(!TF1);
```

```
            TF1=0;
        }
    }
    void main()    //主函数
    {
        unsigned char j;
        TMOD=0x10;                    //设置定时器1工作在方式1下
        while(1) {
          for(j=0;j<10;j++)
          {  P2=tab[j];               //字型显示码送段控制口P2
             delay1s();
          }
        }
    }
```

任务2　制作显示时、分、秒的电子表

【任务描述】

用单片机和 LED 数码管制作一个电子表，可以正常显示时、分、秒。

【技能目标】

1. 掌握数码管的动态显示方法。
2. 会编写数码管动态显示程序。

【知识链接】

一、LED 数码管的静态显示

图 4-6 给出了两位数码管静态显示的接口电路，两个共阳极数码管的段码分别由 P1、P2 口来控制，COM 端都接在+5V 电源上。

静态显示是指数码管显示某一字符时，相应的发光二极管恒定导通或恒定截止。这种显示方式的各位数码管的公共端恒定接地（共阴极）或+5V（共阳极）。每个数码管的八个段控制引脚分别与一个八位 I/O 端口相连。只要 I/O 端口有显示字型码输出，数码管就显示给定字符，并保持不变，直到 I/O 口输出新的段码。

二、LED 数码管的动态显示

图 4-7 给出了用动态显示方式点亮 6 个共阳极数码管的电路，其中将各个共阳极数码管相应的段选控制端并联在一起，仅用一个 P1 口控制，用八同相三态双向驱动器 74LS245 驱动。各位数码管的公共端，也叫作"位选端"，由 P2 口控制，用六反相驱动器 74LS04 驱动。

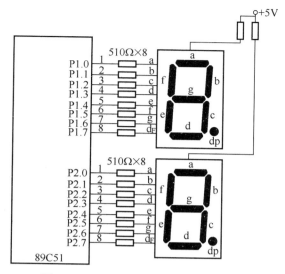

图 4-6　两位数码管静态显示接口电路

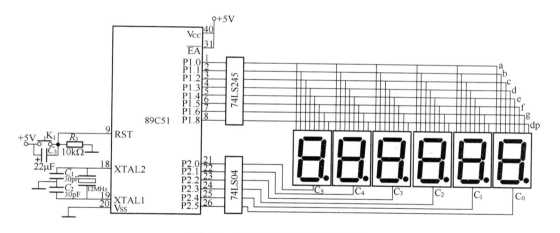

图 4-7　6 位数码管动态显示电路

　　下面的示例是利用动态显示方式在 6 个数码管上稳定显示"123456"6 个字符的程序。将所有位数码管的段选线并联在一起，由位选线控制是哪一位数码管有效。

　　动态显示是一种按位轮流点亮各位数码管的显示方式，即在某一时段，只让其中一位数码管"位选端"有效，并送出相应的字型显示编码。此时，其他位的数码管因"位选端"无效而都处于熄灭状态；下一时段按顺序选通另外一位数码管，并送出相应的字型显示编码，依此规律循环下去，即可使各位数码管分别间断地显示出相应的字符。这一过程称为动态扫描显示。利用发光管的余辉和人眼视觉暂留作用，使人的感觉好像各位数码管同时都在显示。动态显示的亮度比静态显示要差一些，所以在选择限流电阻时应略小于静态显示电路中的电阻。

　　与静态显示方式相比，当显示位数较多时，动态显示方式可节省 I/O 端口资源，硬件电路简单，但其显示亮度低；由于 CPU 要不断地依次运行扫描显示程序，将占用 CPU 更多时间。

【任务实施】

1. 硬件接线图

用单片机控制一块 8×8 LED 点阵式电子广告牌的硬件电路如图 4-8 所示。每块 8×8 LED 点阵式电子广告牌有 8 行 8 列共 16 个引脚，采用单片机的 P3 口控制 8 条行线，P0 口控制 8 条列线。

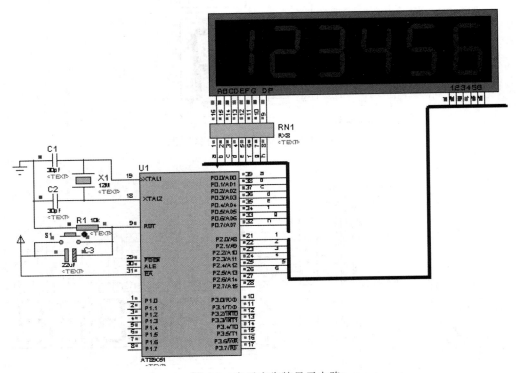

图 4-8　电子广告牌显示电路

2. 元器件清单

图 4-8 所示电路的元器件清单如表 4-4 所示。

表 4-4　8×8 LED 点阵式电子广告牌电路元器件清单

元器件名称	参数	数量	元器件名称	参数	数量
IC 插座	DIP40	1	电阻	1kΩ	6
IC 插座	DIP20	1	排阻	10kΩ	1
单片机	AT89C51	1	电解电容	22μF	1
晶体振荡器	12MHz	1	6 位一体数码管	共阳	1
瓷片电容	30pF	2	NPN		6

3. 程序设计

//功能：在 6 位一体数码管上显示数字 1~6

```
#include<reg51.h>
//函数功能：采用定时器 0、工作方式 0 实现 10ms 延时，晶振频率 12MHz
void delay10ms()
{
    TH0=(65536-10000)/256;          //置定时器初值
    TL0=(65536-10000)%256;
    TR0=1;                          //启动定时器 0
    while(!TF0);
        TF0=0;
}

void main()                         //主函数
{
    unsigned char tab[]={0xf9,0xa4,0xb0,0x99,0x92,0x82};//共阳极数码管
    unsigned char i,w;
    TMOD=0x01;
    while(1)
    {
        w=0x01;                     //位选端，位选码初值为 01H
        for(i=0;i<6;i++)
        {   P2=w;                   //位选码取反后送位选端 P2 口
            w<<=1;                  //位选码左移移位，选中下一位 LED 数码管
            P0=tab[i];              //显示字型码并送段选端 P0 口
            delay10ms();}
        }
    }
}
```

4. 仿真与调试

经 Keil 软件编译通过后，可利用 Proteus 软件进行仿真。在 Proteus ISIS 编辑环境中绘制仿真电路图，将编译好的"ex4_2.hex"文件载入 Proteus ISIS 编辑环境中的 AT89C51，启动仿真，即可观察到数码管上循环显示数字 1～6。再将此".hex"文件下载到实验板上 AT89C51 芯片中，接通电路板电源，可看到实验板与仿真软件呈现同样的显示效果。

5. 评价标准

	考核项目	考核内容	考核标准				得分
			A	B	C	D	
学习过程（30 分）	制作秒表	熟悉数码管静态显示	10	8	6	4	
		熟练掌握数码管动态显示的编程方法，会编写秒表程序	20	16	12	8	
操作能力（40 分）	电路设计	元器件布局合理、美观，符合电子产品规范	10	8	6	4	
	硬件电路绘制	熟练运用 Proteus 软件绘制电路	10	8	6	4	

续表

	考核项目	考核内容	考核标准				得分
			A	B	C	D	
	程序设计与流程	程序模块划分正确，流程图符合规范、标准，程序编写正确	10	8	6	4	
	程序调试	调试过程有步骤、有分析，编程平台使用熟练	10	8	6	4	
实践结果（30分）	系统调试	达到设计所规定的功能和技术指标	10	8	6	4	
	故障分析	对调试过程中出现的问题能分析并解决	10	8	6	4	
	综合表现	学习态度、学习纪律、团队精神、安全操作等	10	8	6	4	
总分			100	80	60	40	
教师签名		学生签名			班级		

任务3　可调电子表的设计与制作

【任务描述】

用单片机和 LED 数码管制作一个时间可调的电子表，可以正常显示时、分、秒，还可以通过功能按键调时。

【技能目标】

1. 熟悉键盘的结构及工作原理。
2. 掌握独立式按键的接口技术。
3. 掌握矩阵式按键的结构及原理。
4. 掌握矩阵式按键的接口技术。
5. 能熟练编写定时器中断函数。

【知识链接】

一、按键简介

1. 常见按键开关

单片机应用系统中经常使用的按键开关如图 4-9 所示。

图 4-9（a）通常为弹性按键，即按下按键时，两个触点闭合导通，放开时，触点在弹力作用下自动弹起，断开连接。

图 4-9　单片机应用系统中经常使用的按键开关

图 4-9（b）通常为带锁按键，没有弹性，按一下按键后触点闭合导通并锁定在闭合状态，再按一下按键后触点才能断开。

图 4-9（c）是拨动开关，通过拨动上面的金属开关，可以在两个状态之间切换。

图 4-9（d）所示开关一般用于电源控制。

图 4-9（e）为拨码开关，相当于多个拨动开关封装在一起，体积小，使用非常方便。

2. 按键的去抖

机械式按键在按下或释放时，由于机械弹性作用的影响，通常伴随有一定时间的触点机械抖动，然后其触点才能稳定下来，抖动时间一般为 5～10ms，在触点抖动期间检测按键的通与断状态，可能导致判断出错，如图 4-10 所示。

按键机械抖动可采用图 4-11 所示的硬件来消除，而当按键数量较多时，应采用软件方法进行去抖。

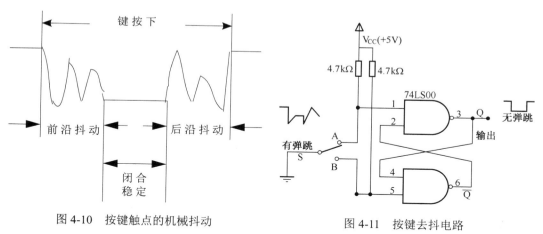

图 4-10　按键触点的机械抖动　　　　　图 4-11　按键去抖电路

软件去抖编程思路：在检测到有按键按下时，先执行 10ms 的延时程序，再重新检测该键是否仍然按下，以确定该键按下不是因抖动引起的。同理，在检测到该键释放时，也采用先延时再判断的方法消除抖动的影响，软件去抖的流程如图 4-12 所示。

二、独立式按键

单片机与独立式按键的接口电路如图 4-13 所示，直接用单片机的 I/O 端口线 P1.0～P1.7 控制按键，每个按键单独占用一根 I/O 端口线，相互独立，每个按键的工作不会影响其他 I/O 端口线的状态。应用时，由软件来识别键盘上的键是否被按下。当某个键按下时，该键所对应端口线将由高电平变为低电平。反过来，如果检测到某端口线为低电平，则可判断出该端口线对应的按键被按下。所以，通过软件可以判断出各按键是否被按下。

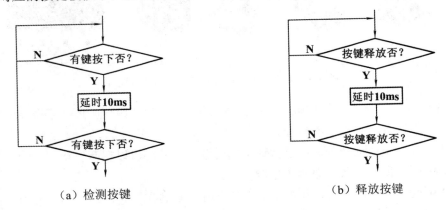

（a）检测按键   （b）释放按键

图 4-12   按键软件去抖流程图

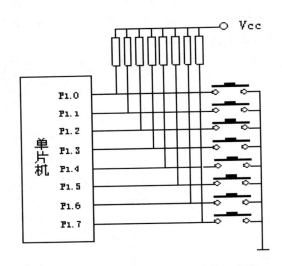

图 4-13   单片机与独立式按键的接口电路

三、矩阵键盘

1. 矩阵键盘的接口电路

在键盘中按键数量较多时，为了减少 I/O 口的占用，通常将按键排列成矩阵形式。例如，对于 16 个按键的键盘，可按照图 4-14 所示方式连接，由 4 根行线和 4 根列线组成，按键位于行、列线的交叉点上，构成了一个 4×4 的矩阵键盘。通常，矩阵式键盘的列线由单片机输出口控制，行线连接单片机的输入口。

2. 矩阵键盘的工作原理

矩阵键盘识别按键的方法是编程扫描法，这里采用列扫描法，主要分为以下两个步骤：

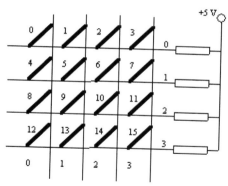

图 4-14　矩阵式键盘的结构

（1）判断是否有键被按下

向所有的列线输出低电平，再读入所有的行信号。如果 16 个按键中任意一个被按下，那么读入的行电平则不全为高；如果 16 个按键中无键按下，则读入的行电平全为高。如图 4-15 所示，如果 S12 键被按下，则 S12 键所在的第 3 行与第 0 列导通，第 3 行被拉低，读入行信号为低电平，表示有键按下。但是当检测到第 3 行为低电平时，能判定是 S12 键被按下吗？很显然，不能。还可能是 S13、S14 或 S15 键按下。

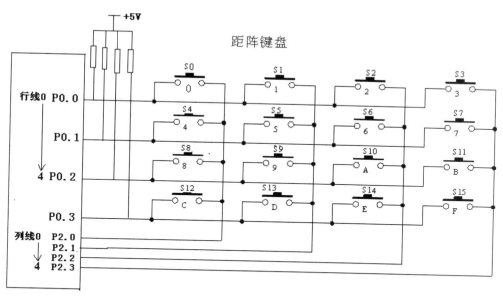

图 4-15　矩阵式键盘连接电路

（2）判断具体的按键

方法是往列线上逐列送低电平"0"。先送第 0 列为低电平，第 1、2、3 列为高电平"1"，然后读入行值，哪一行出现低电平"0"，则说明该行与第 0 列跨接的按键被按下。若读入的值全为"1"，说明与第 0 列跨接的按键（S0、S4、S8、S12）均没有被按下；再送第 1 列为低电平"0"，第 0、2、3 列为高电平"1"，读入的行电平的状态则显示了 S1、S5、S9、S13 四个按键的状态，依次类推，直至 4 列全部扫描完，再重新从第 0 列开始。

4×4 的矩阵键盘按键的行号、列号和键值之间存在什么样的关系呢？如何确定按键号码呢？如图 4-16 所示分析如下：

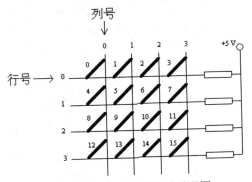

图 4-16　矩阵式键盘按键号码图

键盘编程扫描法识别按键一般应包括以下内容：

①判别有无键按下。

②键盘扫描取得闭合键的行、列号。

③用计算法或查表法得到键值。

④判断闭合键是否释放，如没释放则继续等待。

⑤将闭合键的键值保存，同时转去执行该闭合键的功能。

4×4 的矩阵键盘按键扫描程序如下：

```
//函数名：scan_key
//函数功能：4×4 的矩阵键盘按键扫描程序
Unsigned char scan_key( )
{    unsigned char w,i,find,temp,m,n;
    w=0x01;
    for(i=0;i<4;i++)
    {
    P1=~w;                       //逐列送出低电平
    w<<=1;
    temp=P1;
    temp=temp&0xf0;              //屏蔽掉列的低 4 位，读取行状态
    if(temp!=0xf0)               //有键按下
    {   find=1;                  //置位找到按键标志
        m=i;                     //保存列值到 m
        switch(temp)             //判断哪一行有键按下，n 表示行，m 表示列
        {   case 0xe0:n=0;break; //第 0 行有键按下
            case 0xd0:n=1;break; //第 1 行有键按下
            case 0xb0:n=2;break; //第 2 行有键按下
            case 0x70:n=3;break; //第 3 行有键按下
        }
```

```
        }
    }
    if(find==1)
    return(n*4+m);
}
```

【任务实施】

1. 硬件接线图（见图 4-17）

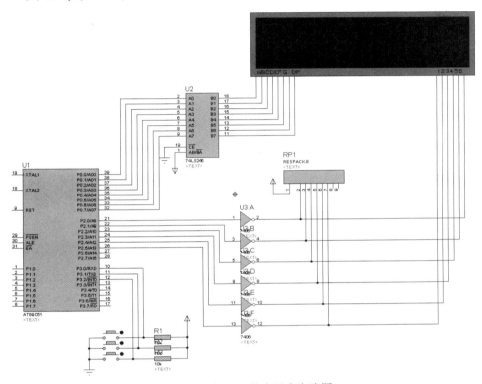

图 4-17　时间可调的电子表电路图

2. 元器件清单

图 4-17 所示电路的元器件清单如表 4-5 所示。

表 4-5　时间可调的电子表电路元器件清单

元器件名称	参数	数量	元器件名称	参数	数量
IC 插座	DIP40	1	排阻		1
单片机	AT89C51	1	电阻	10kΩ	3
晶体振荡器	12MHz	1	74LS245		1
7406		6	六位一体共阴数码管		1
弹性按键		3			

3. 编写程序

```
//功能：可调电子表
#include <reg51.h>
#include <intrins.h>              //库函数头文件，代码中引用了_nop_()函数
#define uchar unsigned char
#define uint unsigned int
uchar set=0;
uint t_100ms=0;
uchar hour=0;
uchar min=0;
uchar sec=0;
uchar buf[6]={0,0,0,0,0,0}
uchar code SEG[10]={0x3f,0x06,0x5b,0x4f,0x66,0x6d,0x7d,0x07,0x7f,0x5f};
uchar code POS[6]={0x01,0x02,0x04,0x08,0x10,0x20};
/*     函数声明*/
void disp(void);
void set_adj(void);
void inc_key(void);
void dec_ key(void);
void get_ key(void);
void disp_min(void);
void disp_sec(void);
void disp_hour(void);
void delay(uint k)    //t 为时间控制参数
{
    uint j,i;
    for(i=0;i<k;i++)
        for(j=0;j<125;j++);
}
void get_ key(void)//
{uchar xx;
  P3=0xff;
  if(P3!=0xff)
  { delay(10);
    if(P3!=0xff)
    {xx=P3;
     switch(xx)
     {case 0xfe:set_adj();break;
      case 0xfd:inc_key();break;
      case 0xfb:dec_key();break;
      default:break;
     }
    }
  }
while(P3!=0xff);
}
```

```
void set_adj(void)              //设置工作模式函数
{set++;
 if(set>=4)
 set=0;
}
void inc_key(void)              //加一键处理函数
{switch(set)
 { case0:LED0=0;break;
   case1:if(hour<=22){hour++;}else{hour=0;}break;
   case2:if(min<=58){min++;}else{min=0;}break;
   case3:if(sec<=58){sec++;}else{sec=0;}break;
   default:break;
  }
}
void dec_key(void)              //减一键处理函数
{ switch(set)
  {
   case0:break;
   case1:if(hour！=0){hour--;}else{hour=23;}break;
   case2:if(min！=0){min--;}else{min=59;}break;
   case3:if(sec！=0){sec--;}else{sec=59;}break;
   default:break;
  }
}
void init_timer0(void)          //定时器 T0 初始化函数
{   TMOD=0x01;
    TH0=-50000/256;
    TL0=-50000%256;
    ET0=1;
    TR0=1;
}
void Int_timer0() interrupt 1   //定时器 T0 中断服务函数
{ TH0=-50000/256;
  TL0=-50000%256;
 t_100ms++;
 if(t_100ms>=20)
   {   t_100ms=0;
      sec++;
      if(sec>=60)
      { sec=0;
        min++;
        if(min>=60)
        { min=0;
          hour++;
          if(hour>=24)
            { hour=0;
```

```
            }
          }
        }
      }
    }
  void disp(void)    //显示函数
  { uchar i,j;
    for(i=0;i<=5;i++)
      { P2=POS[i];
        j=buf[i];
        P0=SEG[j];
        delay(10);
      }
  }
  void main(void)
  { init_timer0();
    EA=1;
    while(1)
    { get_key();
      buf[0]=sec%10;
      buf[1]=sec/10;
      buf[2]=min%10;
      buf[3]=min/10;
      buf[4]=hour%10;
      buf[5]=hour/10;
      disp();
    }
  }
```

4. 仿真与调试

经 Keil 软件编译通过后，可利用 Proteus 软件进行仿真。在 Proteus ISIS 编辑环境中绘制仿真电路图，将编译好的 "ex4_3.hex" 文件载入 Proteus ISIS 编辑环境中的 AT89C51，启动仿真，即可观察到电子秒表显示。再将此 ".hex" 文件下载到实验板上 AT89C51 芯片中，接通电路板电源，可看到实验板与仿真软件呈现同样的 LED 数码管显示效果。

5. 评价标准

考核项目		考核内容	考核标准				得分
			A	B	C	D	
学习过程 （30分）	可调秒表	独立键盘接口技术	10	8	6	4	
		矩阵键盘接口技术	20	16	12	8	
操作能力 （40分）	电路设计	元器件布局合理、美观，符合电子产品规范	10	8	6	4	
	硬件电路绘制	熟练运用 Proteus 软件绘制电路	10	8	6	4	

续表

考核项目		考核内容	考核标准				得分
			A	B	C	D	
实践结果（30分）	程序设计与流程	程序模块划分正确，流程图符合规范、标准，程序编写正确	10	8	6	4	
	程序调试	调试过程有步骤、有分析，编程平台使用熟练	10	8	6	4	
	系统调试	达到设计所规定的功能和技术指标	10	8	6	4	
	故障分析	对调试过程中出现的问题能分析并解决	10	8	6	4	
	综合表现	学习态度、学习纪律、团队精神、安全操作等	10	8	6	4	
总分			100	80	60	40	
教师签名		学生签名		班级			

【任务拓展】

设计制作具有如下功能的数字时钟：

①自动计时，由 8 位 LED 数码管显示当前时间：时、分、秒。

②具备校准功能，可以设置当前时间。

1. 硬件电路及元器件（见图 4-18 和表 4-6）

（1）单片机选型

这里单片机选择 MCS-51 系列主流芯片 AT89C51，内部有 4KB 的 Flash ROM 和 128B RAM，因为数字钟没有大量计算和暂存数据，所以可以满足要求。

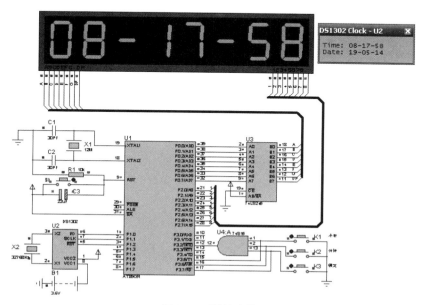

图 4-18　硬件电路

表 4-6　元器件选型

元器件名称	参数	数量	元器件名称	参数	数量
IC 插座	DIP40	1	弹性按键		4
IC 插座	DIP16	1	3 输入正与门	74S15	1
单片机	AT89C51	1	晶体振荡器	32768Hz	1
晶体振荡器	12MHz	1	电阻	10kΩ	1
瓷片电容	30pF	2	电解电容	22μF	1
共阳极数码管		8	IC 插座	DIP8	1
八同相三态驱动器	74LS245	1			

（2）设计方案

1）采用实时时钟芯片。针对应用系统对实时时钟功能的普遍需求，时钟芯片也有很多种，如 DS1287、DS12887、DS1302、PCF8563 等。本设计使用 DS1302 实时时钟芯片，这种芯片具备年、月、日、时、分、秒计时功能和多点定时功能，计时数据每秒自动更新。实时时钟芯片的计时功能无需占用 CPU 的时间，功能完善，精度高。

①DS1302 结构及工作原理

DS1302 是 DALLAS 公司推出的涓流充电时钟芯片，内含有一个实时时钟/日历和 31 字节静态 RAM，可通过简单的串行接口与单片机进行通信。

DS1302 可提供秒、分、时、日、月、年的时间日期信息，每月的天数和闰年的天数可自动调整，可通过 AM/PM 指示决定采用 24 小时或 12 小时格式，保持数据和时钟信息时功率小于 1mW。

②DS1302 芯片引脚

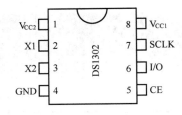

X1，X2：32.768kHz 晶振管脚

GND：地

CE：复位脚

I/O：数据输入/输出引脚

SCLK：串行时钟

V_{cc1}，V_{cc2}：电源供电管脚

2）软件控制。利用 AT89C51 内部定时/计数器进行中断定时，配合软件延时实现时、分、秒的计时。DS1302 与单片机连接参考电路如图 4-19 所示。该设计方案既节省硬件成本，也是读者对前面所学知识的综合运用。

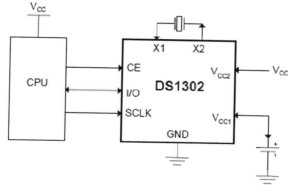

图 4-19　DS1302 与单片机连接参考电路

（3）显示方案

利用 P0 口连接八同相驱动器 74LS245 来驱动 8 位 LED 共阳极数码管，基于 LED 动态显示方式，实现数字钟的显示。该方案占用单片机硬件资源少，但动态扫描需占用 CPU 时间，显示亮度稍差一点。按键 K1、K2 分别调整时钟的小时、分钟数值，当 K1 或 K2 按键调整好时间数值后，再按下 K3 按键，才会继续向下计时，所以按键 K3 是起继续计时的作用。

2．程序设计

```
//功能：数码管可调式电子时钟控制程序
#include<reg51.h>
#define uchar unsigned char
#define uint unsigned int
//#define write_data
sbit sda=P1^0;                //DS1302 的数据线
sbit clk=P1^1;                //DS1302 的时钟线
sbit rst=P1^2;                //DS1302 的复位线
sbit k1=P3^5;                 //调时
sbit k2=P3^6;                 //调分
sbit k3=P3^7;                 //开始走秒
uchar code duan_code[]={
   0xc0,0xf9,0xa4,0xb0,0x99,0x92,0x82,0xf8,0x80,0x90};        //共阳数码管段码表
uchar display_code[]={
   0x00,0x00,0xbf,0x00,0x00,0xbf,0x00,0x00};       //显示格式，中间两个横杠
uchar bit_code[]={
   0x01,0x02,0x04,0x08,0x10,0x20,0x40,0x80};       //数码管位选
uchar current_time[7];                              //所读取的日期和时间
char adjust_flag=0;                                 //调节标志
void delayms(uint x)                                //延时函数 ms 级
{
   uint i,j;
    for(i=0;i<x;i++)
         for(j=0;j<120;j++) ;
}
```

```
    void write_byte(uchar x)                    //写一个字节函数
   {
     uchar i;
     for(i=0;i<8;i++)
      {
       sda=x&1;
       clk=1;
       clk=0;
       x>>=1;
      }
   }
    uchar read_byte()                           //读一个字节函数
   {
     uchar i,b,t;
     for(i=0;i<8;i++)
      {
       b>>=1;
       t=sda;
       b|=t<<7;
       clk=1;
       clk=0;
      }
     return b/16*10+b%16;
   }
    uchar read_data(uchar addr)                 //读取数据函数
   {
     uchar dat;
     rst=0;
     clk=0;
     rst=1;
     write_byte(addr);
     dat=read_byte();
     clk=1;
     rst=0;
     return dat;
   }
    void write_data(uchar addr,uchar dat)       //写入控制字和输入函数
   {
     clk=0;
     rst=1;
     write_byte(addr);
     write_byte(dat);
     clk=0;
     rst=0;
   }
    void set_1302()                             //设置 DS1302 函数
```

```
{
    write_data(0x8e,0x00);                                      //关闭写保护
    write_data(0x82,(current_time[1]/10<<4)|(current_time[1]%10));    //初始化分
    write_data(0x84,(current_time[2]/10<<4)|(current_time[2]%10));    //初始化时
    write_data(0x8e,0x80);                                      //打开写保护
}
void gettime()                          //单片机从 DS1302 读取的时间数据
{
    current_time[0]=read_data(0x81);
    current_time[1]=read_data(0x83);
    current_time[2]=read_data(0x85);
}
void int0() interrupt 0                 //中断函数
{
    if(k1==0)                           //小时调整
    {
        adjust_flag=1;                  //正在调整
        current_time[2]=(current_time[2]+1)%24;
    }
    else
    if(k2==0)                           //分钟调整
    {
        adjust_flag=1;                  //正在调整
        current_time[1]=(current_time[1]+1)%60;
    }
    else
    if(k3==0)                           //确定
    {
        set_1302();                     //将调整后的时间写入 DS1302
        adjust_flag=0;                  //结束调整，时间继续正常显示
    }
}
void main()                             //主函数
{
    uchar i;
    IE=0X81; IT0=0x01;                  //开总中断，同时开外部定时器 0 中断
    while(1)
    {
    if(adjust_flag==0)
        gettime();      //扫描按键，当按键没有被按下时，单片机从 DS1302 读取时间数据
    display_code[0]=duan_code[current_time[2]/10];       //小时位的十位
    display_code[1]=duan_code[current_time[2]%10];       //小时位的个位
    display_code[3]=duan_code[current_time[1]/10];       //分钟位的十位
    display_code[4]=duan_code[current_time[1]%10];       //分钟位的个位
    display_code[6]=duan_code[current_time[0]/10];       //秒位的十位
    display_code[7]=duan_code[current_time[0]%10];       //秒位的个位
```

```
        for(i=0;i<8;i++)                        //对数码管进行动态扫描
        {
                P2=bit_code[i];
                P0=display_code[i];
                delayms(5);
        }
    }
}
```

项目小结

本项目介绍了数码管基本结构及工作原理、数码管动态显示的基本原理和编程方法，任务 3 综合应用了单片机数码管、键盘接口技术以及定时/计数器、中断等程序设计技术，进一步训练了读者对单片机并行 I/O 端口的应用能力、键盘查询程序设计和调试的能力，同时让读者初步了解作为单片机的重要输入设备——键盘的接口技术及其程序设计方法。

思考与练习

一、单项选择题

1. 在单片机应用系统中，LED 数码管显示电路通常有（　　）显示方式。

　　A．静态　　　　　　B．动态　　　　　　C．静态和动态　　　　D．查询

2.（　　）显示方式编程较简单，但占用 I/O 端口线多，其一般适用于显示位数较少的场合。

　　A．静态　　　　　　B．动态　　　　　　C．静态和动态　　　　D．查询

3. LED 数码管若采用动态显示方式，下列说法错误的是（　　）。

　　A．将各位数码管的段选线并联

　　B．将段选线用一个 8 位 I/O 端口控制

　　C．将各位数码管的公共端直接连接在+5V 或者 GND 上

　　D．将各位数码管的位选线用各自独立的 I/O 端口控制

4. 共阳极 LED 数码管加反相器驱动时显示字符"6"的字段码是（　　）。

　　A．06H　　　　　　B．7DH　　　　　　C．82H　　　　　　　D．FAH

5. 一个单片机应用系统用 LED 数码管显示字符"8"的字段码是 80H，可以断定该显示系统用的是（　　）。

　　A．不加反相驱动的共阴极数码管

　　B．加反相驱动的共阴极数码管或不加反向驱动的共阳极数码管

　　C．加反向驱动的共阳极数码管

　　D．以上都不对

6．在共阳极数码管使用中，若仅显示小数点，则其相应的字段码是（   ）。

    A．80H   B．10H   C．40H   D．7FH

二、填空题

消除键盘抖动常用两种方法，一是采用_____，用基本 RS 触发器构成；二是采用_____，即测试有键输入时需延时_____后再测试是否有键输入，此方法可判断是否有键抖动。

三、问答题

1．7 段 LED 静态显示和动态显示在硬件连接上分别具有什么特点？实际应用时应如何选择？

2．LED 大屏幕显示器一次能点亮多少行？显示的原理是怎样的？

项目五 制作 LED 点阵电子屏

任务 1 制作单个字符的 LED 点阵屏

【任务描述】

用单片机控制一块 8×8 LED 点阵，显示数字 7。通过本任务的完成掌握单片机与 LED 点阵显示器的接口技术。

【技能目标】

1. 熟悉 LED 点阵显示器的基本结构。
2. 掌握 LED 点阵显示器的工作原理。

【知识链接】

一、LED 点阵显示器的结构

LED 大屏幕显示器不仅能显示文字，还能显示图形、图像，并且能产生各种动画效果，是广告宣传、新闻传播的有力工具。LED 点阵显示器不仅有单色显示，还有彩色显示。

LED 点阵显示器是把很多 LED 发光二极管按矩阵方式排列在一起，通过对每个 LED 进行发光控制，完成各种字符或图形的显示。最常见的 LED 点阵显示模块有 5×7（5 列 7 行），7×9（7 列 9 行），8×8（8 列 8 行）结构。

二、LED 点阵显示器的工作原理

LED 点阵由一个一个的点（LED 发光二极管）组成，总点数为行数与列数之积，引脚数为行数与列数之和。

一块 8×8 LED 点阵等效电路内部结构由 8 行 8 列 LED 构成（如图 5-1 所示），对外共有 16 个引脚，其中 8 根行线（Y0～Y7）用数字 0～7 表示，8 根列线（X0～X7）用字母 A～H 表示。

从图 5-1 可以看出，点亮跨接在某行某列的 LED 发光二极管的条件是：对应行线接高电平，对应列线接低电平。例如 Y0=1、X0=0 时，对应左上角的 LED 发光二极管点亮。如果能在很短的时间内依次点亮多个发光二极管，我们就可以看到多个发光二极管同时稳定点亮，即看到显示的数字或其他图形符号了，这是利用动态显示原理实现的。

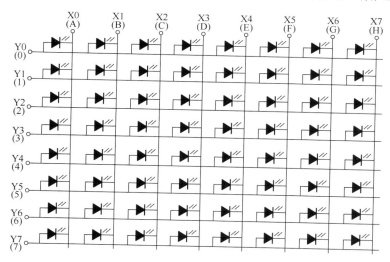

图 5-1　LED 点阵等效电路内部结构

下面介绍如何利用 8×8 点阵屏幕显示"大"字。8×8 点阵显示"大"字需要点亮的位置如图 5-2 所示。

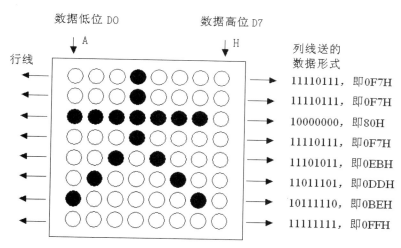

图 5-2　"大"字显示字型码

显示过程：先给第 1 行送高电平，同时给 8 列送 11110111（列低电平有效），然后给第 2 行送高电平，同时给 8 列送 11110111，……，最后给第 8 行送高电平，同时给 8 列送 11111111。每行点亮时间为 1ms，第 8 行结束再从第 1 行开始循环此过程，利用视觉驻留现象，人们就可以看到一个稳定的"大"字。

【任务实施】

1. 硬件接线

用单片机控制一块 8×8 LED 点阵的硬件电路如图 5-3 所示。每块 8×8 LED 点阵式电子广告牌有 8 行 8 列共 16 个引脚，采用单片机的 P3 口控制 8 条行线，P0 口控制 8 条列线。

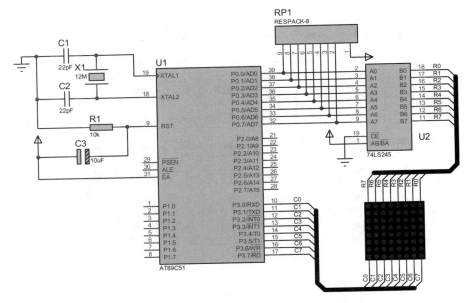

图 5-3   8×8 LED 点阵式电子广告牌"大"字显示电路

小知识

此点阵式电子广告牌电路每条列线上串接了一个 300Ω 左右限流电阻。同时，为提高单片机端口带负载能力，在 P3 口增加了 74LS245 缓冲驱动器，提高了 P3 口输出电流，保证了 LED 亮度。

2. 选择元器件（见表 5-1）

表 5-1   8×8 LED 点阵式电子广告牌电路元器件清单

元器件名称	参数	数量	元器件名称	参数	数量
IC 插座	DIP40	1	电阻	300kΩ	8
IC 插座	DIP20	1	电阻	10kΩ	1
单片机	AT89C51	1	电解电容	22μF	1
晶体振荡器	12MHz	1	8×8 LED		1
瓷片电容	30pF	2	驱动器	74LS245	1
弹性按键		1			

3. 程序设计

```
//ex5_1.c
//函数功能：稳定显示"大"字
#include<reg51.h>//共阳极数码管
unsigned char code tab[]={ 0xf7,0xf7,0x80,0xf7,0xeb,0xdd,0xbe,0xff};
// "大"字字型码
void delay()
{
```

```
        TH1=(8192-2000)/32;
        TL1=(8192-2000)%32;
        TR1=1;
        while(!TF1);
        TF1=0;
    }
void main()
{   unsigned char m,w;
    TMOD=0x00;
    while(1)
    {
        w=0x01;
        for(m=0;m<8;m++)
        {   P3=w;
            P0=tab[m];
            delay();
            w<<=1;    }
    }
}
```

4. 运行与调试

经 Keil 软件编译通过后，可利用 Proteus 软件进行仿真。在 Proteus ISIS 编辑环境中绘制仿真电路图，将编译好的"ex5_1.hex"文件载入 Proteus ISIS 编辑环境中的 AT89C51，启动仿真，即可观察到 8×8 LED 点阵上显示汉字"大"。再将此".hex"文件下载到实验板上 AT89C51 芯片中，接通电路板电源，可看到实验板与仿真软件呈现同样的点阵屏显示效果。

5. 评价标准

	考核项目	考核内容	考核标准				得分
			A	B	C	D	
学习过程（30分）	制作单个字符 LED 点阵屏	熟悉 LED 点阵显示原理	10	8	6	4	
		熟练掌握点阵显示字符的编程方法，会编写点阵显示字符程序	20	16	12	8	
操作能力（40分）	电路设计	元器件布局合理、美观，符合电子产品规范	10	8	6	4	
	硬件电路绘制	熟练运用 Proteus 软件绘制电路	10	8	6	4	
	程序设计与流程	程序模块划分正确，流程图符合规范、标准，程序编写正确	10	8	6	4	
	程序调试	调试过程有步骤、有分析，编程平台使用熟练	10	8	6	4	
实践结果（30分）	系统调试	达到设计所规定的功能和技术指标	10	8	6	4	
	故障分析	对调试过程中出现的问题能分析并解决	10	8	6	4	
	综合表现	学习态度、学习纪律、团队精神、安全操作等	10	8	6	4	
总分			100	80	60	40	
教师签名		学生签名			班级		

【任务拓展】

用单片机控制一块 8×8 LED 点阵，硬件电路如图 5-3 所示。在点阵屏上循环显示数字"7"。
程序设计如下：

```
//ex5_2.c
//功能：在 8×8 LED 点阵式电子广告牌上循环显示数字 7
#include<reg51.h>//共阳极数码管
unsigned char code tab[]={0x00,0x3f,0x30,0x18,0x18,0x0c,0x0c,0x0c};//7
void delay()                    //延时函数，定时器 T1，工作方式 0 实现 2ms 延时
{
    TH1=(8192-2000)/32;
    TL1=(8192-2000)%32;
    TR1=1;
    while(!TF1);
    TF1=0;
}
void main()
{
    unsigned char i,j,k,m,w;
    TMOD=0x00;
    while(1)
    {
     for(i=0;i<10;i++)          //字符个数控制变量
     {
        j=i*8;                  //指向数组 tab 的第 i 个字符第一个显示码下标
        for(k=0;k<200;k++)      //每个字符扫描显示 200 次，控制每个字符显示时间
        {
           w=0x01;              //行变量 w 指向第一行
            for(m=0;m<8;m++)
            {
               P3=w;            //行变量送 P3 口
               P0=~tab[j+m];    //列数据取反送 P0 口
               delay();
               w<<=1;           //行变量左移指向下一行
            }
        }
     }
    }
}
```

任务 2　制作字符移动的 LED 点阵屏

【任务描述】

用单片机控制 LED 点阵模块在 8×8 LED 点阵上显示移动的字符或图形，让读者了解

LED 显示器与单片机的接口方法，理解 LED 显示程序的设计思路。

【技能目标】

1. 熟悉 LED 点阵显示器的结构及工作原理。
2. 掌握 LED 点阵显示器动态显示。
3. 掌握 LED 点阵显示器接口技术。
4. 了解 LED 点阵显示器的实践应用技术。

【知识链接】

LED 点阵动态显示原理：点亮跨接在某行某列的 LED 发光二极管的条件是：对应行线接高电平，对应列线接低电平。例如 Y0=1，X0=0 时，对应左上角的 LED 发光二极管点亮。如果能在很短的时间内依次点亮多个发光二极管，我们就可以看到多个发光二极管同时稳定点亮，即看到显示的数字或其他图形符号了，这是利用动态显示原理实现的。

【任务实施】

1. 硬件接线（见图 5-4）

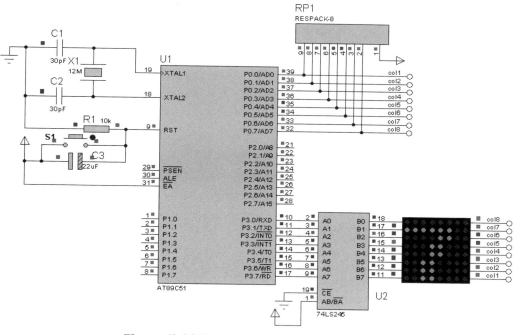

图 5-4 单片机与 LED 点阵显示器显示移动的字符

2. 选择元器件（见表 5-2）

表 5-2　8×8 LED 点阵式电子广告牌电路元器件清单

元器件名称	参数	数量	元器件名称	参数	数量
IC 插座	DIP40	1	电阻	300kΩ	8
IC 插座	DIP20	1	电阻	10kΩ	1
单片机	AT89C51	1	电解电容	22μF	1
晶体振荡器	12MHz	1	8×8 LED		1
瓷片电容	30pF	2	驱动器	74LS245	1
弹性按键		1			

3. 程序设计

```
//ex5_3.c
//函数功能：循环显示"0-9"
#include<reg51.h>
#define uchar unsigned char
#define uint   unsigned int
Uchar num_tab[][8]={
{0x00,0x00,0x02,0x05,0x05,0x05,0x02,0x00},/*0*/
{0x00,0x00,0x00,0x06,0x04,0x04,0x0E,0x00},/*1*/
{0x00,0x00,0x07,0x05,0x02,0x01,0x07,0x00},/*2*/
{0x00,0x00,0x07,0x03,0x04,0x05,0x07,0x00},/*3*/
{0x00,0x00,0x04,0x06,0x05,0x06,0x04,0x00},/*4*/
{0x00,0x00,0x07,0x01,0x07,0x05,0x07,0x00},/*5*/
{0x00,0x00,0x06,0x01,0x0F,0x09,0x0E,0x00},/*6*/
{0x00,0x00,0x0E,0x04,0x04,0x04,0x04,0x00},/*7*/
{0x00,0x00,0x07,0x05,0x02,0x05,0x07,0x00},/*8*/
{0x00,0x00,0x07,0x05,0x07,0x04,0x02,0x00},/*9*/
};
void delay(void);
void main(void)
{  uchar i,j,k,temp;
   while(1)                //0～9 循环左移
 {   for(j=0;j<10;j++)
     for(k=0;k<8;k++)
     for(i=0;i<8;i++)
   {  delay();
      temp=num_tab[j][i];
      P0=temp;
      num_tab[j][i]=_cror_(temp,1);
      P2=0x08|i;
   }
}
```

```
    }
  }
void delay(void)
{ uint m;
  for(m=0;m<1500;m++);
}
```

4. 运行与调试

经 Keil 软件编译通过后，可利用 Proteus 软件进行仿真。在 Proteus ISIS 编辑环境中绘制仿真电路图，将编译好的 "ex5_3.hex" 文件载入 Proteus ISIS 编辑环境中的 AT89C51，启动仿真，即可观察到 8×8 LED 点阵上显示循环的 "0-9"。再将此 ".hex" 文件下载到实验板上 AT89C51 芯片中，接通电路板电源，可看到实验板与仿真软件呈现同样的点阵屏显示效果。

5. 评价标准

考核项目		考核内容	考核标准				得分
			A	B	C	D	
学习过程（30 分）	制作移动字符的 LED 点阵屏	熟悉 LED 点阵显示原理	10	8	6	4	
		熟练掌握点阵显示字符的编程方法，会编写点阵显示移动字符程序	20	16	12	8	
操作能力（40 分）	电路设计	元器件布局合理、美观，符合电子产品规范	10	8	6	4	
	硬件电路绘制	熟练运用 Proteus 软件绘制电路	10	8	6	4	
	程序设计与流程	程序模块划分正确，流程图符合规范、标准，程序编写正确	10	8	6	4	
	程序调试	调试过程有步骤、有分析，编程平台使用熟练	10	8	6	4	
实践结果（30 分）	系统调试	达到设计所规定的功能和技术指标	10	8	6	4	
	故障分析	对调试过程中出现的问题能分析并解决	10	8	6	4	
	综合表现	学习态度、学习纪律、团队精神、安全操作等	10	8	6	4	
总分			100	80	60	40	
教师签名		学生签名			班级		

【任务拓展】

1. 硬件接线图（见图 5-5）

2. 程序设计

```
//ex5_4.c
//函数功能：显示从上到下移动的箭头
#include <reg51.H>
```

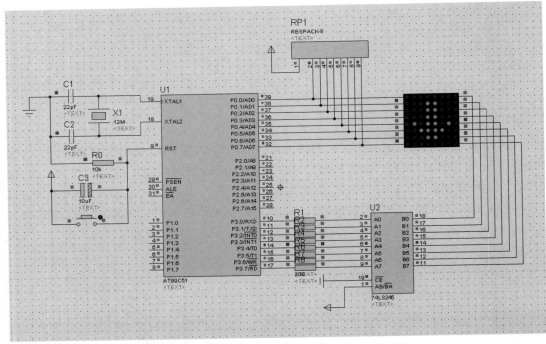

图 5-5 单片机与 LED 点阵显示器显示移动的箭头

```
#include<intrins.h>
#define uint unsigned int
#define uchar unsigned char
//箭头
unsigned char tabP0[]={0x00,0x20,0x40,0xFC,0xFC,0x40,0x20,0x00};
unsigned char tabP3[]={0xFE,0xFD,0xFB,0xF7,0xEF,0xDF,0xBF,0x7F};
unsigned char TEMP[8];
/********************************************************
* 名称：Delay_1ms()
* 功能：延时子程序，延时时间为 1ms * x
* 输入：x（延时一毫秒的个数）
* 输出：无
*********************************************************/
void Delay_1ms(uchar i)//1ms 延时
{
    uchar x,j;
    for(j=0;j<i;j++)
    for(x=0;x<=148;x++);
}
void main()
{
    uchar i,j,temp=0;
    for(i=0;i<8;i++)
    {
        TEMP[i]=tabP0[i];
```

```
        }
    while(1)
    {
        for(j=0;j<8;j++)
        {
            for(i=0;i<8;i++)
            {
                P0=0;
                P3=tabP3[i];
                P0=tabP0[i];
                Delay_1ms(2);

            }
        }
        for(i=0;i<8;i++)
        {
            TEMP[i]=_crol_(TEMP[i],1);
            tabP0[i]=TEMP[i];
        }
    }
}
```

项目小结

　　本项目介绍了 LED 点阵动态显示的基本原理和利用，训练读者对单片机并行 I/O 端口应用能力，并加深读者对动态显示工作原理的理解和应用。

思考与练习

　　1. 点阵式 LED 的连接线分为行线和列线，要点亮 LED，行线和列线分别应该是什么电平？

　　2. 设计四块 LED 点阵显示汉字的电子屏。

项目六　驱动步进电机

【任务描述】

用 51 单片机控制步进电机转动。

【技能目标】

1. 步进电机的结构。
2. 步进电机的驱动方式。

【知识链接】

一、什么是步进电机

步进电机是将电脉冲信号转变为角位移或线位移的开环控制元步进电机件。在非超载的情况下，电机的转速、停止的位置只取决于脉冲信号的频率和脉冲数，而不受负载变化的影响，当步进驱动器接收到一个脉冲信号，它就驱动步进电机按设定的方向转动一个固定的角度。可以通过控制脉冲个数来控制角位移量，从而达到准确定位的目的；同时可以通过控制脉冲频率来控制电机转动的速度和加速度，从而达到调速的目的。

二、步进电机工作原理

当电流流过定子绕组时，定子绕组产生一矢量磁场。该磁场会带动转子旋转一角度，使得转子的一对磁场方向与定子的磁场方向一致。当定子的矢量磁场旋转一个角度，转子也随着该磁场转一个角度。每输入一个电脉冲，电动机转动一个角度前进一步。它输出的角位移与输入的脉冲数成正比、转速与脉冲频率成正比。改变绕组通电的顺序，电机就会反转。所以可用控制脉冲数量、频率及电动机各相绕组的通电顺序来控制步进电机的转动。

图 6-1　步进电机图

三、步进电机的驱动电路

图 6-1 所示步进电机的驱动电压 12V，步进角为 7.5 度，一圈 360 度，需要 48 个脉冲完成。该步进电机有 6 根引线，排列次序如下：①红色、②红色、③橙色、④棕色、⑤黄色、⑥黑色。

采用 51 驱动 ULN2003 的方法进行电机驱动，直接用单片机系统的 5V 电压，可能力矩不是很大，大家可自行加大驱动电压到 12V。

【任务实施】

1. 硬件接线

按图 6-2 进行硬件接线。

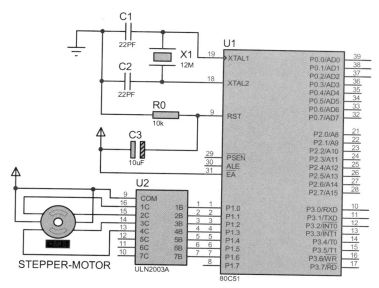

图 6-2　步进电机图

2. 选择元器件（见表 6-1）

表 6-1　元器件清单

元器件名称	参数	数量	元器件名称	参数	数量
IC 插座	DIP40	1	弹性按键		1
单片机	AT89C51	1	电阻	1 kΩ	1
晶体振荡器	12MHz	1	电阻	10kΩ	1
瓷片电容	30pF	2	电解电容	22μF	1
步进电机		1	驱动芯片	ULN2003A	1

3. 程序设计

```
//程序：ex6_1.c
//功能：步进电机旋转
include <reg51.h>
#define uchar unsigned char
#define uint unsigned int
uchar Step = 0;
bit FB_flag = 0;
```

```
unsigned char code A_Rotation[8]={0x08,0x18,0x10,0x30,0x20,0x60,0x40,0x48};    //顺时针转表格
unsigned char code B_Rotation[8]={0x48,0x40,0x60,0x20,0x30,0x10,0x18,0x08};    //逆时针转表格
uchar code table[10] = {0x3f,0x06,0x5b,0x4f,0x66,0x6d,0x7d,0x07,0x7f,0x6f};
uchar code LED_W[8] = {0xfe,0xfd,0xfb,0xf7,0xef,0xdf,0xbf,0x7f};
void Delay(uint i)
{
    uchar x,j;
    for(j=0;j<i;j++)
    for(x=0;x<=148;x++);
}
main()
{
    uchar i,count=0;
    uint j;
    uint k = 0;
    while(1)
    {
        for(k=0;k<512;k++)
        {
            for(i=0;i<8;i++)                //因为有 8 路的控制时序
            {
                P1 = A_Rotation[i];         //顺时针转动
                Delay(2);                   //改变这个参数可以调整电机转速
            }
            j=(uint)((360000/512) * k /1000);
            P0 = table[j%10];
            P2 = LED_W[0];
            Delay(1);
            P0 = table[j/10%10];
            P2 = LED_W[1];
            Delay(1);
            P0 = table[j/100%10];
            P2 = LED_W[2];
            Delay(1);
        }
    }
}
```

4. 运行与调试

经 Keil 软件编译通过后，可利用 Proteus 软件进行仿真。在 Proteus ISIS 编辑环境中绘制仿真电路图，将编译好的 "ex6_1.hex" 文件载入 Proteus ISIS 编辑环境中的 AT89C51 可以观察到步进电机旋转的角度。再将此 ".hex" 文件下载到实验板上 AT89C51 芯片中，接通电路板电源，可看到实验板与仿真软件呈现同样的显示效果。

5. 评价标准

	考核项目	考核内容	考核标准				得分
			A	B	C	D	
学习过程（30分）	驱动步进电机	熟悉步进电机的原理	10	8	6	4	
		熟练掌握单片机驱动步进电机的编程方法，会编写驱动程序	20	16	12	8	
操作能力（40分）	电路设计	元器件布局合理、美观，符合电子产品规范	10	8	6	4	
	硬件电路绘制	熟练运用 Proteus 软件绘制电路	10	8	6	4	
	程序设计与流程	程序模块划分正确，流程图符合规范、标准，程序编写正确	10	8	6	4	
	程序调试	调试过程有步骤、有分析，编程平台使用熟练	10	8	6	4	
实践结果（30分）	系统调试	达到设计所规定的功能和技术指标	10	8	6	4	
	故障分析	对调试过程中出现的问题能分析并解决	10	8	6	4	
	综合表现	学习态度、学习纪律、团队精神、安全操作等	10	8	6	4	
总分			100	80	60	40	
教师签名		学生签名			班级		

【任务拓展】

设计单片机控制电机正反转。

1. 硬件接线图（见图 6-3）

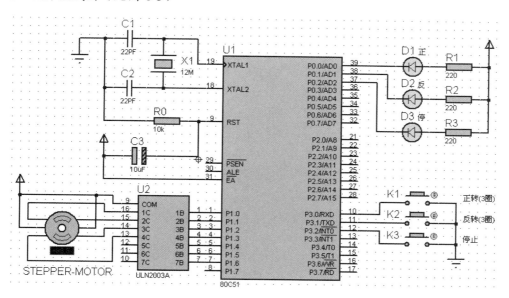

图 6-3 单片机控制步进电机正反转

2. 程序设计

```c
//程序：ex6_2.c
//控制步进电机正反转
#include<reg52.h>
#define uint    unsigned int
#define uchar unsigned char
//------8 拍-----
uchar code zz[]={0x01,0x03,0x02,0x06,0x04,0x0c,0x08,0x09};    //正转
uchar code fz[]={0x09,0x08,0x0c,0x04,0x06,0x02,0x03,0x01};    //反转

void delay(uint ms)
{
    uint t;
    while(ms--)
        for(t=0;t<120;t++);
}

void motor_zz(uint n)
{
    uint i,j;
    for(i=0;i<5*n;i++)
    {
        for(j=0;j<8;j++)
        {
            if(P3==0xfb)
                break;
            P1=zz[j];
            delay(20);
        }
    }
}

void motor_fz(uint n)
{
    uint i,j;
    for(i=0;i<5*n;i++)
    {
        for(j=0;j<8;j++)
        {
            if(P3==0xfb)
                break;
            P1=fz[j];
            delay(20);
        }
    }
}
```

```
void main()
{
    uint N=3;
    while(1)
    {
        P3=0xff;
        if(P3==0xfe)
        {
            while(P3==0xfe);
            P0=0xfe;
            motor_zz(N);
            if(P3==0xfb)
                break;
        }
        else if(P3==0xfd)
        {
            while(P3==0xfd);
            P0=0xfd;
            motor_fz(N);
            if(P3==0xfb)
                break;
        }
        else
        {
            P0=0xfb;
            P1=0x03;
        }
    }
}
```

项目小结

本项目通过 51 单片机驱动步进电机，实现步进电机任意角度运行及电机正反转，为今后应用单片机处理电机相关问题奠定基础。

思考与练习

1．简述步进电机工作原理。
2．用 51 单片机如何实现步进电机正反转？

项目七　制作 A/D 与 D/A 转换系统

任务 1　制作简易数字电压表

【任务描述】

采用 A/D 转换芯片 ADC0809 采集 0～5V 连续可变的模拟电压信号，转变为 8 位数字信号 00～FFH 后，送单片机处理，并在两位数码管上显示出 0.0～5.0V（小数点不用显示）。0～5V 的模拟电压信号通过调节电位器来获得。

通过制作简易数字电压表，学习 A/D 转换芯片在单片机应用系统中的硬件接口技术，熟悉模拟信号采集与输出数据显示的综合程序设计与调试方法。

【技能目标】

1. 了解 A/D 转换的概念。
2. 掌握 ADC0809 的工作过程。
3. 掌握 ADC0809 的功能及应用。

【知识链接】

A/D 转换是实现模拟量向数字量转换的器件，按转换原理可分为四种：计数式 A/D 转换器、双积分式 A/D 转换器、逐次逼近式 A/D 转换器和并行式 A/D 转换器。目前最常用的 A/D 转换器是双积分式 A/D 转换器和逐次逼近式 A/D 转换器。前者的主要优点是转换精度高，抗干扰性能好，价格便宜，但转换速度较慢，一般用于速度要求不高的场合；后者是一种速度较快、精度较高的转换器，其转换时间大约在几 μs 到几百 μs 之间。

典型 A/D 转换器芯片 ADC0809 是 8 位逐次逼近式 A/D 转换器，具有 8 个模拟量输入通道，转换时间约为 100μs。

1. ADC0809 的内部逻辑结构

ADC0809 的内部逻辑结构如图 7-1 所示，主要由三部分组成：输入通道、逐次逼近型 A/D 转换器和三态输出锁存器。

（1）输入通道包括 8 路模拟开关和三输入地址锁存译码器。8 路模拟开关分时选通 8 个模拟通道，由地址锁存译码器的三个输入 A、B、C 来确定选通哪一个通道，通道选择如表 7-1 所示。

（2）8 路模拟输入通道共用一个 A/D 转换器进行转换，但同一时刻仅对采集的 8 路模拟量中的其中一路通道进行转换。

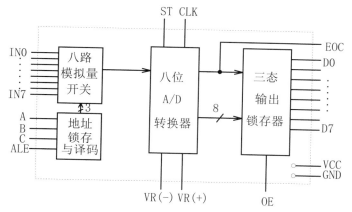

图 7-1 ADC0809 的内部逻辑电路

表 7-1 通道选择表

地址码			选择的通道
C	B	A	
0	0	0	IN0
0	0	1	IN1
0	1	0	IN2
0	1	1	IN3
1	0	0	IN4
1	0	1	IN5
1	1	0	IN6
1	1	1	IN7

（3）转换后的 8 位数字量锁存到三态输出锁存器中，在输出允许的情况下，可以从 8 条数据线 D7～D0 上读出。

2. 信号引脚

ADC0809 芯片封装形式为 DIP28，其引脚排列如图 7-2 所示。

（1）IN7～IN0：8 个模拟量输入通道。

（2）ADDA、ADDB、ADDC：地址线。ADDA 为低位地址，ADDC 为高位地址，用于对模拟输入通道进行选择，ADDA、ADDB 和 ADDC 分别对应表 7-1 中的 A、B 和 C，其地址状态与通道对应关系如表 7-1 所示。本任务中，直接将 ADC0809 的 ADDC、ADDB 和 ADDA 接地，选通 IN0。

（3）ALE：地址锁存允许信号。对应 ALE 上升沿，ADDA、ADDB 和 ADDC 地址状态送入地址锁存器中，经译码输出后选择模拟信号输入通道。本任务中，ADC0809 的 ALE 信号由单片机的 P0.2 引脚取反后控制。

（4）START：转换启动信号。对应 START 上跳沿，所有内部寄存器清 0；对应 START 下跳沿，开始进行 A/D 转换；在 A/D 转换期间，START 应保持低电平。本任务中，ADC0809

的 START 信号也由单片机的 P0.2 引脚取反后控制。

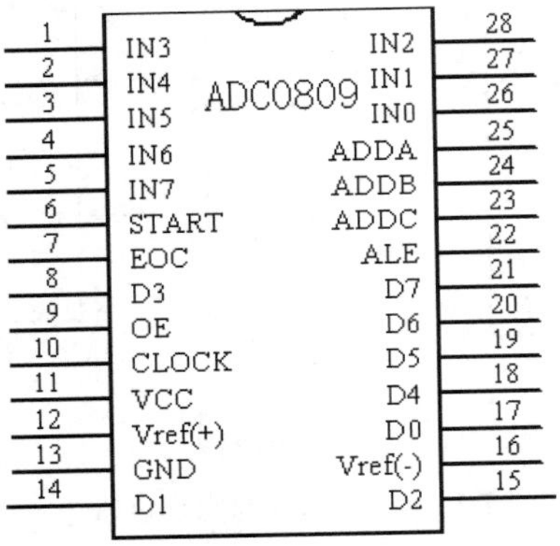

图 7-2　ADC0809 引脚

（5）D7～D0：数据输出线，为三态缓冲输出形式，可以和单片机的数据线直接相连。本任务中，ADC0809 的 D7～D0 直接与单片机的 P1 口相连。

（6）OE：输出允许信号，用于控制三态输出锁存器向单片机输出转换得到的数据。当 OE=0 时，输出数据线呈高电阻；当 OE=1 时，输出转换得到的数据。本任务中，ADC0809 的 OE 信号也是由 P0.2 引脚取反后控制。

（7）CLK：时钟信号。ADC0809 的内部没有时钟电路，所需时钟信号由外界提供，因此有时钟信号引脚。通常使用频率为 500kHz 的时钟信号。

（8）EOC：转换结束状态信号。启动转换后，系统自动设置 EOC=0，转换完成后，EOC=1。该状态信号既可作为查询的状态标志，又可作为中断请求信号使用。

（9）Vref：参考电源。参考电压用来与输入的模拟信号进行比较，作为逐次逼近的基准，其典型值为+5V（Vref (+) =+5V，Vref(-) =0V）。

小知识

根据读入转换结果的方式，EOC 信号和单片机有以下三种连接方式：

（1）延时方式：EOC 悬空，启动转换后，延时 100μs 读入转换结果。

（2）查询方式：EOC 接单片机端口线，查得 EOC 变高，读入转换结果，作为查询信号。

（3）中断方式：EOC 经非门接单片机的中断请求端，转换结束作为中断请求信号向单片机提出中断申请，在中断服务中读入转换结果。

---

3. 单片机与 ADC0809 接口

单片机与 ADC0809 接口一般采用 I/O 端口直接控制方式。本任务中采用单片机的 I/O 端口直接控制 ADC0809，如图 7-3 所示。8 条数据线直接与单片机的 P1 口相连。控制线 START 和 ALE、OE 由 P0.2 引脚控制，EOC 由 P0.3 引脚控制。其控制及应用方法参见程序 ex7_1.c。

【任务实施】

1. 硬件接线图（见图 7-3）

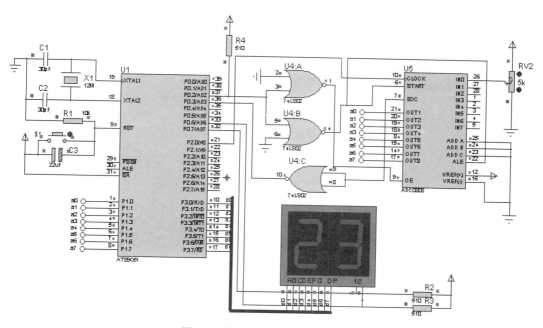

图 7-3　简易数字电压表硬件电路

2. 选择元器件（见表 7-2）

表 7-2　简易数字电压表控制系统电路元器件清单

元器件名称	参数	数量	元器件名称	参数	数量
IC 插座	DIP40	1	弹性按键		1
IC 插座	DIP14	1	模数转换器	ADC0809	1
单片机	AT89C51	1	或非门	74LS02	3
晶体振荡器	12MHz	1	电阻	510Ω	3
瓷片电容	30pF	2	电阻	10kΩ	1
共阳极数码管		2	电解电容	22μF	1
可调电阻	5kΩ	1			

3. 程序设计

本程序主要包括四个部分：主函数、时钟函数、拆字函数和显示函数。主函数的工作是启动 ADC0809 进行转换并读取转换结果，转换结果为一个 8 位二进制数 00～FFH，从 P1 口读取。

时钟函数的工作是利用定时器 T0，工作方式 0 设计的中断函数产生周期为 2μs 的脉冲信号。

拆字函数的工作是将转换的结果 00～FFH 转换成 0.0～5.0 的字符形式，低位和高位分别送 chl 和 chh 两个变量。

显示函数的工作是根据 chl 和 chh 两个全局变量的内容，在两个 LED 数码管上动态显示相应数字，显示形式为 0.0～5.0。

```c
//程序：ex7_1.c
//功能：简易数字电压表程序
#include<reg51.h>
#define uchar unsigned char   //无符号字符型数据预定义为uchar
uchar code led[]={0xc0,0xf9,0xa4,0xb0,0x99,0x92,0x82,0xf8,0x80,0x90,0x88,
                0x83,0xc6,0xa1,0x86,0x8E};   //定义 0～F 显示码
sbit P0_2=P0^2;                      //可寻址位定义
sbit P0_3=P0^3;
sbit P0_6=P0^6;
sbit P0_7=P0^7;
sbit clk=P2^0;
void sepr(uchar i);
//把形式参数 i 的高低位分开，分别存放在全局变量 chh，chl 中
void disp();           //显示 chh，chl 中的数据（两位）
uchar chh,chl;         //全局变量定义
void timeinitial()     //定时器初始化
{
   TMOD=0x00;
   TH0=(8192-1)/32;
   TL0=(8192-1)%32;
   EA=1;
   ET0=1;
   TR0=1;
}
void time0() interrupt 1      //产生 500kHz 的频率，周期为 2μs
{
   TH0=(8192-1)/32;
   TL0=(8192-1)%32;
   clk=~clk;
}
void main()                //主函数
{
    uchar a,i;
    timeinitial();
    while(1) {
    P0_2=1;
    for(a=0;a<50;a++);      //延时
    P0_2=0;                 //在 P0.2 引脚产生下降沿，START 和 ALE 引脚产生上升沿，
                            //锁存通道地址，所有内部寄存器清 0
    for(a=0;a<50;a++);      //延时
```

```
        P0_2=1;                        //在 P0.2 引脚产生上升沿，START 引脚产生下降沿，A/D 转换开始
        while(P0_3!=0);                //等待转换完成，EOC=1 表示转换完成
        P0_2=0;                        //P0_2=0，则 OE=1，允许读数
        P1=0xff;                       //作为输入口，P1 口先置全 1
        i=P1;                          //读入 A/D 转换数据
        sepr(i);                       //数据高低位分开
        disp();                        //显示数据
            }
}
//函数名：sepr
//函数功能：将 8 位二进制数 00~FFH 转换为 0.0~5.0，低位和高位分别存在 chl 和 chh 中
//返回值：chl 中存放拆分后的低位，chh 中存放拆分后的高位
void sepr( i)                          //拆分高位和低位
{
    uchar ch;
    ch=i;
    chh=ch/51;                         //除以 51 得到高位
    ch=ch%51;                          //取余运算
    chl=ch*10/51;                      //再除以 51，并扩大 10 倍，得到低位
}
//函数名：disp
//函数功能：显示全局变量 chl 和 chh 中的数字
void disp()
{
        uchar j;
        P3=led[chl];                   //显示低位
        P0_6 = 1;
        P0_7 = 0;
        for(j=0;j<100;j++);            //延时
        P3=led[chh];                   //显示高位
        P0_6 = 0;
        P0_7 = 1;
        for(j=0;j<100;j++);            //延时
}
```

4. 运行与调试

经 Keil 软件编译通过后，可利用 Proteus 软件进行仿真。在 Proteus ISIS 编辑环境中绘制仿真电路图，将编译好的"ex7_1.hex"文件载入 Proteus ISIS 编辑环境中的 AT89C51，启动仿真，当调节电位器使输入模拟电压发生变化（0~5V），两个数码管显示相应的变化。再将此".hex"文件下载到实验板上 AT89C51 芯片中，接通电路板电源，可看到实验板与仿真软件呈现同样的数码显示，用万用表测量一下实际电压并与显示电压值对照，如果有很大的误差，分析原因。

5. 评价标准

	考核项目	考核内容	考核标准				得分
			A	B	C	D	
学习过程 （30分）	制作简易数字电压表	熟悉 A/D 转换的原理	10	8	6	4	
		熟练掌握单片机对 A/D 转换信号的编程处理方法，会编写数字电压表程序	20	16	12	8	
操作能力 （40分）	电路设计	元器件布局合理、美观，符合电子产品规范	10	8	6	4	
	硬件电路绘制	熟练运用 Proteus 软件绘制电路	10	8	6	4	
	程序设计与流程	程序模块划分正确，流程图符合规范、标准，程序编写正确	10	8	6	4	
	程序调试	调试过程有步骤、有分析，编程平台使用熟练	10	8	6	4	
实践结果 （30分）	系统调试	达到设计所规定的功能和技术指标	10	8	6	4	
	故障分析	对调试过程中出现的问题能分析并解决	10	8	6	4	
	综合表现	学习态度、学习纪律、团队精神、安全操作等	10	8	6	4	
总分			100	80	60	40	
教师签名		学生签名		班级			

任务 2　制作简易波形发生器

【任务描述】

利用单片机 AT89C51 与数模转换芯片 DAC0832 组成波形发生器硬件系统，编制应用程序产生锯齿波信号。通过软件调整波形设定参数，用示波器观察输出波形的幅值、周期及频率变化。波形如图 7-4 所示。通过制作简易波形发生器，学习 D/A 转换芯片在单片机应用系统中的硬件接口技术与编程方法。

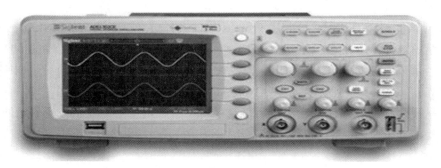

图 7-4　示波器显示的波形

【技能目标】

1. 了解 D/A 转换的概念。
2. 掌握 DAC0832 的工作过程。
3. 掌握 DAC0832 的功能及应用。

【知识链接】

一、D/A 转换器接口

D/A 转换器输入的是数字量，经转换后输出的是模拟量。DAC0832 是一个 8 位 D/A 转换器；由单电源供电，在+5～+15V 范围内均可正常工作；基准电压的范围为±10V；电流建立时间为 1μs；CMOS 工艺，低功耗（仅为 20mW）。

DAC0832 芯片为 20 引脚、双列直插式封装，其引脚排列如图 7-5 所示。DAC0832 内部结构如图 7-6 所示。

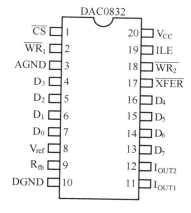

图 7-5　DAC0832 引脚图

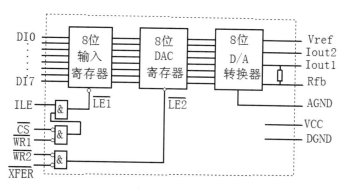

图 7-6　DAC0832 内部结构

小知识

如前所述的 8 位 D/A 转换器中的"8 位"是指输入数字量的位数，它决定了 D/A 转换器的分辨率。分辨率是 D/A 转换器对输入量变化敏感程度的描述，如果输入数字量的位数为 n，则 D/A 转换器的分辨率为 2^{-n}。所以 DAC0832 的分辨率是 1/256。一般来说，数字量位数越多，分辨率也就越高，转换器对输入量变化的敏感程度也就越高。常用的有 8 位、10 位、12 位三种 D/A 转换器。

建立时间是描述 D/A 转换器速度快慢的一个参数，用来表示转换速度，指从输入数字量变化到输出达到终值误差 $\pm(1/2)$LSB（最低有效位）时所需的时间。转换器的输出形式为电流时建立时间较短；输出形式为电压时，还要加上运算放大器的延迟时间，建立时间比较长。DAC0832 为电流输出形式，建立时间可达 1μs。

DAC0832 由输入寄存器和 DAC 寄存器构成两级数据输入锁存。使用时数据输入可以采用两级锁存（双锁存）形式或单级锁存（一级锁存，另一级直通）形式，或直接输入（两级直通）形式。

此外，由三个与门电路可组成寄存器输出控制逻辑电路，该逻辑电路的功能是进行数据锁存控制。当 $\overline{\text{LE}}=0$ 时，输入数据被锁存；当 $\overline{\text{LE}}=1$ 时，锁存器的输出跟随输入的数据变化。

对 DAC0832 各引脚信号说明如表 7-3 所示。

表 7-3　DAC0832 各引脚信号说明

引脚	功能
DI7~DI0	转换器输入数据
$\overline{\text{CS}}$	片选信号（输入），低电平有效
ILE	数据锁存允许信号（输入），高电平有效
$\overline{\text{WR1}}$	第 1 写信号（输入），低电平有效
$\overline{\text{WR2}}$	第 2 写信号（输入），低电平有效
$\overline{\text{XFER}}$	数据传送控制信号（输入），低电平有效
I_{out1}	电流输出 1
I_{out2}	电流输出 2
R_{fb}	反馈电阻端
V_{ref}	基准电压，其电压可正可负，范围为-10~+10V
DGND	数字地
AGND	模拟地

提示：

（1）ILE 和 $\overline{\text{WR1}}$ 信号控制输入寄存器是数据直通方式还是数据锁存方式。当 ILE=1

且 $\overline{\text{WR1}}$=0 时，为输入寄存器直通方式；当 ILE=1 且 $\overline{\text{WR1}}$=1 时，为输入寄存器锁存方式。

（2）$\overline{\text{WR2}}$ 和 $\overline{\text{XFER}}$ 信号控制 DAC 寄存器是数据直通方式还是数据锁存方式。当 $\overline{\text{WR2}}$=0 且 $\overline{\text{XFER}}$=0 时，为 DAC 寄存器直通方式；当 $\overline{\text{WR2}}$=1 或 $\overline{\text{XFER}}$=1 时，为 DAC 寄存器锁存方式。

（3）DAC 转换器的特性之一：I_{out1} + I_{out2} = 常数。

（4）DAC0832 是电流输出，为了取得电压输出，需在电流输出端连接运算放大器，运放接法如图 7-7 所示。R_{fb} 即为运算放大器的反馈电阻端。

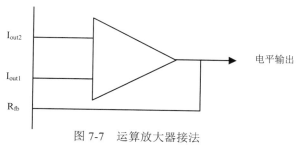

图 7-7　运算放大器接法

二、单片机与 DAC0832 的接口与应用

1. 单缓冲方式连接

所谓单缓冲方式，就是使 DAC0832 的两个输入寄存器中有一个处于直通方式，另一个处于受控的锁存方式，或者使两个输入寄存器同时处于受控的方式。在实际应用中，如果只有一路模拟量输出或虽有几路模拟量但并不要求同步输出的情况，就可采用单缓冲方式。

ILE 接高电平，$\overline{\text{WR1}}$ 信号与单片机的写控制信号连接，输入寄存器受单片机的写信号控制；$\overline{\text{WR1}}$ 和 $\overline{\text{XFER}}$ 直接接地，DAC 寄存器为直通方式。下面给出一个三角波产生程序。

单片机与 DAC0832 单缓冲连接方式产生三角波程序如下：

```
//程序：ex7_2.c
//功能：产生三角波
#include<absacc.h>        //绝对地址访问头文件
#include<reg51.h>
#define uchar unsigned char
#define uint unsigned int
#define DA0832 XBYTE[0x7fff]
void delay_1ms();              //延时 1ms 程序，参考前面程序
void main( )
{
    uchar i;
    TMOD=0x10;                //设置定时器 1 为方式 1
    while(1)
     {
```

```
            for(i=0;i<=255;i++;        //形成三角波输出值，最大为255
            {
              DA0832=i;                //D/A 转换输出
              delay_1ms();
            }
            for(i=255;i>=0;i--)        //形成三角波输出值，最小为0
            {
              DA0832=i;                //D/A 转换输出
              delay_1ms();
            }
          }
        }
```

将上述程序下载到单片机中，启动仿真，在运算放大器的输出端就能得到如图 7-8 所示的三角波。

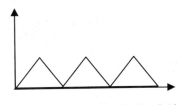

图 7-8　D/A 转换产生的三角波

对三角波的产生做如下几点说明。

（1）程序每循环一次，DAC0832 输入的数字量就加 1，因此实际上三角波的上升边是由 256 个小阶梯构成的。同理，下降边也是由 256 个小阶梯构成的，但由于阶梯很小，所以宏观上显示为如图 7-8 所示的三角波。

（2）可通过循环程序段的机器周期数，计算出三角波的周期，并可根据需要，通过延时的办法来改变波形周期。延迟时间不同，波形周期不同，三角波的斜率就不同。

（3）通过 for 语句中 i 从 0 增加到 225，可得到三角波的上升边；要得到三角波的下降边，改为 i 从 255 减小到 0 即可实现。

（4）程序中变量 i 的变化范围是 0～255，因此得到的三角波是满幅度的。如果要求得到非满幅的三角波，可通过计算求得数字量的初值和终值，然后在程序中通过置初值判断终值的办法实现。

2．双缓冲方式连接

所谓双缓冲方式就是把 DAC0832 的两个锁存器都连接成受控锁存方式。双缓冲DAC0832 连接如图 7-9 所示。

为了实现寄存器的可控，应当给每个寄存器分配一个地址，以便能按地址进行操作。图 7-9 是采用地址译码输入分别接 $\overline{CS}$ 和 $\overline{XFER}$ 实现的，然后再给 $\overline{WR1}$ 和 $\overline{WR2}$ 提供写选通信号。这样就完成了两个锁存器都可控的双缓冲接口方式。

由于两个锁存器分别占用两个地址，因此在程序中需要进行两次写操作，才能完成一

个数字量的模拟转换。假如输入寄存器地址为 FEH，DAC 寄存器地址为 FFH，则完成一次
数/模转换的程序段如下。

```
#define DA0832 XBYTE[0x00fe]
#define DA0832_1 XBYTE[0x00ff]
...
while(1)
{
for(i=0;i<=255;i++)          //形成锯齿波输出值，最大为 255
{   DA0832=i;                //输入寄存器选通
DA0832_1=i;                  //DAC 寄存器选通
...
Delay_1ms();
}
}
```

上面的程序段中，语句：

```
DA0832_1=i;            //DAC 寄存器选通
```

从表面看是把 i 的值送到了 DAC 寄存器中，实际上这种数据传送并不真正进行，该语
句只是起到打开 DAC 寄存器使输入寄存器中数据通过的作用，数据通过之后就可以进行
D/A 转换了。

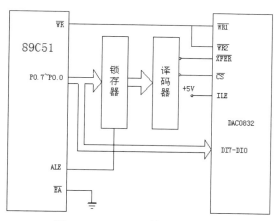

图 7-9　DAC0832 的双缓冲连接

【任务实施】

1. 硬件接线

采用单片机的 P0 口和 P2 口来实现单片机与 DAC0832 芯片间的单缓冲连接方式，如图
7-10 所示，图中采用一级运算放大器，输出电压值 V_{out} 为 0～+5V。

2. 选择元器件

如表 7-4 所示。

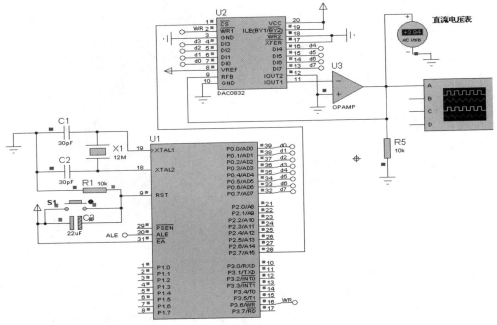

图 7-10 波形发生器电路

表 7-4 波形发生器控制电路的元器件清单

元器件名称	参数	数量	元器件名称	参数	数量
IC 插座	DIP40	1	电阻	10kΩ	1
单片机	89C51	1	电阻	5.1kΩ	1
晶体振荡器	12MHz	1	电解电容	22μF	1
瓷片电容	30pF	2	可变电阻	10kΩ	3
集成运放	LM324	2	IC 插座	DIP20	1
数/模转换器	DAC0832	1	IC 插座	DIP14	1
弹性按键		1			

3. 程序设计

采用 DAC0832 产生锯齿波的编程思路：先输出 8 位二进制最小值零，然后按加 1 规律递增，当输出数据达到最大值 255 时，再回到零重复这一过程。

```
//程序：ex7_3.c
//功能：采用 DAC0832 产生锯齿波程序
#include<absacc.h>            //绝对地址访问头文件
#include<reg51.h>
#define uchar unsigned char
#define uint unsigned int
#define DA0832 XBYTE[0x7fff]    //DAC0832 地址
//函数名：delay_2ms
//函数功能：延时 2ms，T1、工作方式 1，定时初值 63536
```

```
void delay_2ms()
{
        TH1=(65536-2000)/256;           //置定时器初值
        TL1=(65536-2000)%256;
        TR1=1;                          //启动定时器 1
        while(TF1==0);                  //查询计数是否溢出, 即定时 1ms 时间到, TF1=1
        TF1=0;                          //2ms 时间到, 将定时器溢出标志位 TF1 清零
}
void main()                             //主函数
{
        uint i;
        TMOD=0x10;                      //置定时器 1 为方式 1
        while(1)
        {
        for(i=0;i<=255;i++)             //形成锯齿波输出值, 最大 255
          {
              DA0832=i;                 //D/A 转换输出
          delay_2ms();
              }
        }
}
```

提示: 如何改变锯齿波的周期和幅值? 改变延时时间可改变波形周期, 改变输出二进制的最大值可改变波形的幅值。

4. 运行与调试

经 Keil 软件编译通过后, 可利用 Proteus 软件进行仿真。在 Proteus ISIS 编辑环境中绘制仿真电路图, 将编译好的"ex7_3.hex"文件载入 Proteus ISIS 编辑环境中的 AT89C51, 启动仿真, 示波器会产生锯齿波形, 直流电压表会输出对应电压值。再将此".hex"文件下载到实验板上 AT89C51 芯片中, 接通电路板电源, 可看到示波器上呈现与仿真软件同样的锯齿波形。

5. 评价标准

	考核项目	考核内容	考核标准				得分
			A	B	C	D	
学习过程 (30 分)	制作简易波形发生器	熟悉 D/A 转换的原理	10	8	6	4	
		熟练掌握单片机 D/A 转换电路的编程方法, 会编写简易波形发生器程序	20	16	12	8	
操作能力 (40 分)	电路设计	元器件布局合理、美观, 符合电子产品规范	10	8	6	4	
	硬件电路绘制	熟练运用 Proteus 软件绘制电路	10	8	6	4	
	程序设计与流程	程序模块划分正确, 流程图符合规范、标准, 程序编写正确	10	8	6	4	

考核项目	考核内容	考核标准				得分
		A	B	C	D	
程序调试	调试过程有步骤、有分析，编程平台使用熟练	10	8	6	4	
实践结果（30分）						
系统调试	达到设计所规定的功能和技术指标	10	8	6	4	
故障分析	对调试过程中出现的问题能分析并解决	10	8	6	4	
综合表现	学习态度、学习纪律、团队精神、安全操作等	10	8	6	4	
总分		100	80	60	40	
教师签名		学生签名		班级		

【任务拓展】

采用 DAC0832 产生正弦波。

1. 硬件接线图

按图 7-10 接线。

2. 程序设计

采用 DAC0832 产生正弦波的编程思路：把产生波形输出的二进制数据以数值的形式预先存放在程序存储器中，再按顺序依次取出送至 D/A 转换器，程序如下：

```
//程序：ex7_4.c
//功能：产生正弦波，周期约256ms，幅度约2.5V
#include <absacc.h>          //绝对地址访问头文件
#include <reg51.h>
#define uint unsigned int
#define uchar unsigned char
#define DA0832 XBYTE[0x7fff]
void delay_1ms();             //延时
uchar code sin[]={0x80,0x83,0x86,0x89,0x8D,0x90,0x93,0x96,0x99,0x9C,0x9F,
0xA2,0xA5,0xA8,0xAB,0xAE,0xB1,0xB4,0xB7,0xBA,0xBC,0xBF,0xC2,0xC5,0xC7,0xCA,0xCC,0xCF,0x
D1,0xD4,0xD6,0xD8,0xDA,0xDD,0xDF,0xE1,0xE3,0xE5,0xE7,0xE9,0xEA,0xEC,0xEE,0xEF,0xF1,0xF2,
0xF4,0xF5,0xF6,0xF7,0xF8,0xF9,0xFA,0xFB,0xFC,0xFD,0xFD,0xFE,0xFF,0xFF,0xFF,0xFF,0xFF,0xFF,0
xFF,0xFF,0xFF,0xFF,0xFF,0xFF,0xFE,0xFD,0xFD,0xFC,0xFB,0xFA,0xF9,0xF8,0xF7,0xF6,0xF5,0xF4,0x
F2,0xF1,0xEF,0xEE,0xEC,0xEA,0xE9,0xE7,0xE5,0xE3,0xE1,0xDF,0xDD,0xDA,0xD8,0xD6,0xD4,0xDl,0
xCF,0xCC,0xCA,0xC7,0xC5,0xC2,0xBF,0xBC,0xBA,0xB7,0xB4,0xB1,0xAE,0xAB,0xA8,0xA5,0xA2,0x9
F,0x9C,0x99,0x96,0x93,0x90,0x8D,0x89,0x86,0x83,0x80,0x80,0x7C,0x79,0x76,0x72,0x6F,0x6C,0x69,0x6
6,0x63,0x60,0x5D,0x5A,0x57,0x55,0x51,0x4E,0x4C,0x48,0x45,0x43,0x40,0x3D,0x3A,0x38,0x35,0x33,0x
30,0x2E,0x2B,0x29,0x27,0x25,0x22,0x20,0x1E,0x1C,0x1A,0x18,0x16,0x15,0x13,0x11,0x10,0x0E,0x0D,0
x0B,0x0A,0x09,0x08,0x07,0x06,0x05,0x04,0x03,0x02,0x02,0x01,0x00,0x00,0x00,0x00,0x00,0x00,0x00,0
x00,0x00,0x00,0x00,0x00,0x01,0x02,0x02,0x03,0x04,0x05,0x06,0x07,0x08,0x09,0x0A,0x0B,0x0D,0x0E,0
x10,0x11,0x13,0x15,0x16,0x18,0x1A,0x1C,0x1E,0x20,0x22,0x25,0x27,0x29,0x2B,0x2E,0x30,0x33,0x35,0
x38,0x3A,0x3D,0x40,0x43,0x45,0x48,0x4C,0x4E,0x51,0x55,0x57,0x5A,0x5D,0x60,0x63,0x66,0x69,0x6C,
```

```
0x6F,0x72,0x76,0x79,0x7C,0x80};
void main()                        //主函数
{
    uchar i;
    TMOD=0x10;                     //置定时器 1 为方式 1
    while(1)
    {
        for(i=0;i<=255;i++)        //形成正弦输出
        {
            DA0832=sin[i];         //D/A 转换输出
            delay_1ms();
        }
    }
}
//函数名：delay_1ms
//函数功能：延时 1ms，T1、工作方式 1，定时初值 64536
//形式参数：无
//返回值：无
void delay_1ms()
{
    TH1=0xfc;                      //置定时器初值
    TL1=0x18;
    TR1=1;                         //启动定时器 1
    while(!TF1);                   //查询计数是否溢出，即定时 1ms 时间到，TF1=1
    TF1=0;                         //1ms 时间到，将定时器溢出标志位 TF1 清零
}
```

在输出端 V_{out} 处连接示波器，调整示波器到合适的状态，观察运行后的波形，并记录幅值和频率。

项目小结

通过简易数字电压表的制作和简易波形发生器的设计与制作，介绍了 A/D 转换芯片和 D/A 转换芯片在单片机应用系统中的接口技术。让读者了解 A/D 转换芯片和 D/A 转换芯片的编程方法及在单片机硬件接口技术中的应用，为今后应用单片机处理相关问题奠定基础。

思考与练习

一、单项选择题

1．ADC0809 芯片是 m 路模拟输入的 n 位 A/D 转换器。m，n 分别是（　　）。
　　A．8、8　　　　　　B．8、9　　　　　C．8、16　　　　　D．1、8
2．A/D 转换结束通常采用（　　）方式编程。

A．中断方式　　　　　　　　　　B．查询方式

C．延时等待方式　　　　　　　　D．中断、查询和延时等待

3．DAC0832 是一种（　　）芯片。

A．8 位模拟量转换成数字量　　　B．16 位模拟量转换成数字量

C．8 位数字量转换成模拟量　　　D．16 位数字量转换成模拟量

4．DAC0832 的工作方式通常有（　　）。

A．直通工作方式　　　　　　　　B．单缓冲工作方式

C．双缓冲工作方式　　　　　　　D．单缓冲、双缓冲和直通工作方式

5．多片 D/A 转换器必须采用（　　）接口方式。

A．单缓冲　　　　B．双缓冲　　　　C．直通　　　　D．均可

二、填空题

1．A/D 转换器的作用是将_____量转为_____量，D/A 转换器的作用是将_____量转为_____量。

2．DAC0832 利用_____控制信号可以构成三种不同的工作方式。

三、问答题

1．判断 A/D 转换是否结束，一般可采用几种方式？每种方式有何特点？

2．DAC0832 与 8051 单片机接口时有哪些控制信号？作用分别是什么？ADC0809 与 8051 单片机接口时有哪些控制信号？作用分别是什么？

3．使用 DAC0832 时，单缓冲方式如何工作？双缓冲方式如何工作？

4．使用 ADC0809 进行转换的主要步骤有哪些？

四、编程题

试编程产生以下波形：

1．周期为 25ms 的锯齿波；

2．周期为 50ms 的三角波；

3．周期为 50ms 的方波。

项目八　制作串行口通信的产品计数器

【任务描述】

采用单片机的串行口和移位寄存器 74LS164 驱动一位数码管进行静态显示，按键每按动一下数码管数字加 1。

【技能目标】

1. 了解单片机串行通信基本原理。
2. 熟悉串行口的结构、工作方式、波特率设置。
3. 掌握单片机串行口几种方式的使用方法。

【知识链接】

一、单片机的串行接口

MCS-51 系列单片机内部有一个可编程全双工串行通信接口，它具有 UART 的全部功能。该接口不仅可以同时进行数据的接收和发送，采用全双工制式，也可做同步移位寄存器使用。该串行口有四种工作方式，帧格式有 8 位、10 位和 11 位，并能设置各自波特率。

MCS-51 系列单片机的串行口结构如图 8-1 所示。与 MCS-51 系列单片机串行口有关的特殊功能寄存器有 SBUF、SCON 和 PCON，下面分别详细讨论。

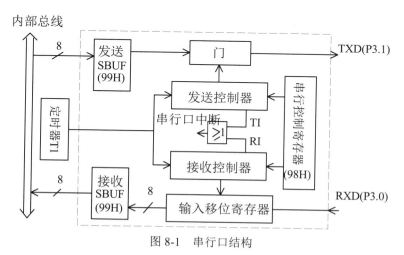

图 8-1　串行口结构

1. 串行口数据缓冲器 SBUF

SBUF 是两个在物理上独立的接收、发送寄存器,一个用于存放接收到的数据,另一个用于存放待发送的数据,可同时发送和接收数据。两个缓冲器共用一个地址 99H,通过对 SBUF 的读、写语句来区别是对接收缓冲器还是对发送缓冲器进行操作。CPU 在写 SBUF 时,操作的是发送缓冲器;读 SBUF 时,就是读接收缓冲器的内容。例如:

```
SBUF=send[i];        //发送第 i 个数据
buffer[i]=SBUF;      //接收数据
```

2. 串行口控制寄存器 SCON

SCON 用来控制串行口的工作方式和状态,可以进行位寻址,字节地址为 98H。单片机复位时,所有位全为 0,其格式如图 8-2 所示。

SCON(98H)

SM0	SM1	SM2	REN	TB8	RB8	TI	RI

图 8-2 SCON 的各位定义

对各位的含义说明如下:

(1) SM0、SM1:串行方式选择位。定义如表 8-1 所示。

表 8-1 串行口的工作方式

SM0	SM1	工作方式	功能	波特率
0	0	方式 0	8 位同步移位寄存器	$f_{osc}/12$
0	1	方式 1	10 位 UART	可变
1	0	方式 2	11 位 UART	$f_{osc}/64$ 或 $f_{osc}/32$
1	1	方式 3	11 位 UART	可变

(2) SM2:多机通信控制位,用于方式 2 和方式 3 中。

小知识

在方式 0 中,SM2 应为 0。在方式 1 处于接收时,若 SM2=1,则只有当收到有效的停止位后,RI 才置 1。在方式 2、3 处于接收时,若 SM2=1,且接收到的第 9 位数据 RB8 为 0 时,则不激活 RI;若 SM2=1,且 RB8=1 时,则置 RI=1。在方式 2、3 处于发送方式时,若 SM2=0,则不论接收到的第 9 位 RB8 为 0 还是为 1,TI、RI 都以正常方式被激活。

(3) REN:允许串行接收位。由软件置位或清零。REN=1 时,允许接收,REN=0 时,禁止接收。

(4) TB8:发送数据的第 9 位。在方式 2 和方式 3 中,由软件置位或复位。一般可做奇偶校验位。在多机通信中,可作为区别地址帧或数据帧的标识位,一般约定地址帧时 TB8 为 1,数据帧时 TB8 为 0。

(5) RB8:接收数据的第 9 位。功能同 TB8。

(6) TI:发送中断标志位。在方式 0 中,发送完 8 位数据后,由硬件置位;在其他方式中，在发送停止位之初由硬件置位。因此，TI=1 是发送完一帧数据的标志，其状态既可供软件查询使用，也可请求中断。TI 位必须由软件清 0。

（7）RI：接收中断标志位。在方式 0 中，接收完 8 位数据后，由硬件置位；在其他方式中，当接收到停止位时该位由硬件置 1。因此，RI=1 是接收完一帧数据的标志，其状态既可供软件查询使用，也可请求中断。RI 位也必须由软件清 0。

3. 电源及波特率选择寄存器 PCON

PCON 主要是为 CHMOS 型单片机的电源控制而设置的专用寄存器，字节地址为 87H，不可以位寻址。在 HMOS 的 AT89C51 单片机中，PCON 除了最高位以外，其他位都是虚设的。其格式如图 8-3 所示。

PCON (87H)

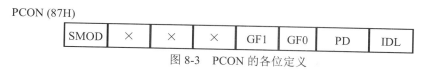

| SMOD | × | × | × | GF1 | GF0 | PD | IDL |

图 8-3 PCON 的各位定义

与串行通信有关的只有 SMOD 位。SMOD 为波特率选择位。在方式 1、2 和 3 时，串行通信的波特率与 SMOD 有关。当 SMOD=1 时，通信波特率乘 2，当 SMOD=0 时，波特率不变。

二、串行口的工作方式

MCS-51 系列单片机的串行口有四种工作方式，通过 SCON 中的 SM1 和 SM0 位来决定，如表 8-1 所示。

1. 方式 0

在方式 0 下，串行口作同步移位寄存器使用，其波特率固定为 $f_{osc}/12$。串行数据从 RXD（P3.0）端输入或输出，同步移位脉冲由 TXD（P3.1）送出。这种方式通常用于扩展 I/O 端口。

2. 方式 1

若收发双方都是工作方式 1，此时，串行口为波特率可调的 10 位通用异步接口 UART，发送或接收的一帧信息包括 1 位起始位 0、8 位数据位和 1 位停止位 1。其帧格式如图 8-4 所示。

图 8-4 方式 1 下 10 位帧格式

发送时，当数据写入发送缓冲器 SBUF 后，启动发送器发送，数据从 TXD 输出。当发送完一帧数据后，置中断标志 TI 为 1。方式 1 下的波特率取决于定时器 1 的溢出率和 PCON

中的 SMOD 位。

接收时，REN 置 1，允许接收，串行口采样 RXD，当采样由 1 到 0 跳变时，确认是起始位 "0"，开始接收一帧数据。当 RI=0，且停止位为 1 或 SM2=0 时，停止位进入 RB8 位，同时置中断标志 RI；否则信息将丢失。所以，采用方式 1 接收时，应先用软件清除 RI 或 SM2 标志。

3. 方式 2

在方式 2 下，串行口为 11 位 UART，传送波特率与 SMOD 有关。发送或接收的一帧数据包括 1 位起始位 0、8 位数据位、1 位可编程位（用于奇偶校验）和 1 位停止位 1，其帧格式如图 8-5 所示。

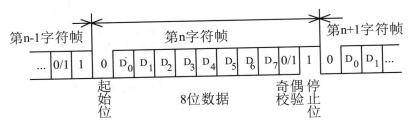

图 8-5　方式 2 下 11 位帧格式

发送时，先根据通信协议由软件设置 TB8，然后将要发送的数据写入 SBUF，启动发送。写 SBUF 的语句，除了将 8 位数据送入 SBUF 外，同时还将 TB8 装入发送移位寄存器的第 9 位，并通知发送控制器进行一次发送，一帧信息即从 TXD 发送。在送完一帧信息后，TI 被自动置 1，在发送下一帧信息之前，TI 必须在中断服务程序或查询程序中清零。

当 REN=1 时，允许串行口接收数据。当接收器采样到 RXD 端的负跳变，并判断起始位有效后，数据由 RXD 端输入，开始接收一帧信息。当接收器接收到第 9 位数据后，若同时满足以下两个条件：RI=0 和 SM2=0 或接收到的第 9 位数据为 1，则接收数据有效，将 8 位数据送入 SBUF，第 9 位送入 RB8，并置 RI=1。若不满足上述两个条件，则信息丢失。

4. 方式 3

方式 3 为波特率可变的 11 位 UART 通信方式，除了波特率以外，方式 3 和方式 2 完全相同。

小知识

（1）串行通信的接收过程

SCON 的 REN（SCON.4）为 1 时，允许接收，外部数据由 RXD 引脚串行输入（最低位先入）。一帧数据接收完毕后送入 SBUF，同时置 SCON 的 RI（SCON.0）为 1，向 CPU 发出中断请求。CPU 响应中断后用软件将 RI 清零，接收到的数据从 SBUF 读出，然后开始接收下一帧。

（2）串行通信的发送过程

先将要发送的数据送入 SBUF，即可启动发送，数据由 TXD 引脚串行发送（最低位先发）。一帧数据发送完毕，自动置 SCON 的 TI（SCON.1）为 1，向 CPU 发出中断请求。CPU 响应中断后用软件将 TI 清零，然后开始发送下一帧。

串行通信的方式 1、2 和 3 都按照上述接收和发送过程来完成通信。对于方式 0，接收和发送数据都由 RXD 引脚实现，TXD 引脚输出同步移位时钟脉冲信号。

三、串行口的波特率

在串行通信中，收发双方对传送的数据速率，即波特率要有一定的约定。MCS-51 系列单片机的串行口通过编程可以有四种工作方式。其中方式 0 和方式 2 的波特率是固定的，方式 1 和方式 3 的波特率可变，由定时器 T1 的溢出率决定。

1. 方式 0 和方式 2

在方式 0 中，波特率为时钟频率的 1/12，即 $f_{osc}/12$，固定不变。

在方式 2 中，波特率取决于 PCON 中的 SMOD 值，当 SMOD=0 时，波特率为 $f_{osc}/64$；当 SMOD=1 时，波特率为 $f_{osc}/32$。即波特率=$\dfrac{2^{SMOD}}{64} \times f_{osc}$。

2. 方式 1 和方式 3

在方式 1 和方式 3 下，波特率由定时器 T1 的溢出率和 SMOD 共同决定，即：

$$波特率=\frac{2^{SMOD}}{32} \times 定时器 1 的溢出率$$

其中，定时器 1 的溢出率取决于单片机定时器 1 的计数速率和定时器的预置值。计数速率与 TMOD 寄存器中的 $C/\overline{T}$ 位有关，当 $C/\overline{T}$=0 时，计数速率为 $f_{osc}/12$，当 $C/\overline{T}$=1 时，计数速率为外部输入时钟频率。

实际上，当定时器 T1 做波特率发生器使用时，通常是工作在方式 2 下，即作为一个自动重装载的 8 位定时器，此时 TL1 作计数用，自动重装载的值在 TH1 内。设计数的预置值（初始值）为 X，那么每过 256-X 个机器周期，定时器溢出一次。为了避免溢出而产生不必要的中断，此时应禁止 T1 中断。溢出周期为 $12 \times (256-X)/f_{osc}$，溢出率为溢出周期的倒数，所以，波特率计数公式如下：

$$波特率=\frac{2^{SMOD}}{32} \times \frac{f_{osc}}{12 \times (256-X)}$$

表 8-2 列出了常用的波特率及获得方法。

下面分析波特率设置，程序 ex8_1.c 中的波特率编程如下：

```
TMOD=0x20;        //定时器 1 工作于方式 2 下
TL1=0xf4;         //初值设置，波特率为 2400b/s
TH1=0xf4;
TR1=1;
```

对照表 8-2，可知串行通信的波特率应为 2400b/s，f_{osc}=11.0592MHz。

表 8-2 常用的波特率及获得方法

波特率	f_{osc} （MHz）	SMOD	定时器 1		
			$C/\overline{T}$	方式	初始值
方式 0：1Mb/s	12	×	×	×	×
方式 2：375Kb/s	12	1	×	×	×
方式 1、3：62.5Kb/s	12	1	0	2	FFH
19.2Kb/s	11.0592	1	0	2	FDH
9.6Kb/s	11.0592	0	0	2	FDH
4.8Kb/s	11.0592	0	0	2	FAH
2.4Kb/s	11.0592	0	0	2	F4H
1.2Kb/s	11.0592	0	0	2	E8H
137.5Kb/s	11.986	0	0	2	1DH
110b/s	6	0	0	2	72H
110b/s	12	0	0	1	FEEBH

【任务实施】

1. 硬件接线

连接电路时，采用同相驱动芯片 74LS164 进行串口驱动，如图 8-6 所示。

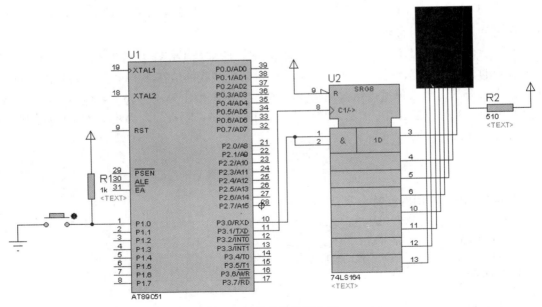

图 8-6 产品计数器电路

2. 选择元器件（见表 8-3）

表 8-3　产品计数器电路元器件清单

元器件名称	参数	数量	元器件名称	参数	数量
IC 插座	DIP40	1	弹性按键		1
电阻	510Ω	1	同相驱动器	74LS164	1
电阻	1kΩ	1	一位共阳数码管		1
单片机	AT89C51	1			
晶体振荡器	11.0592MHz	1			

3. 程序设计

```
//程序：ex8_1.c 利用串行口方式 0 静态显示的产品计数器
#include<reg51.h>
#include<intrins.h>//包含函数_nop_()定义的头文件
#define uchar unsigned char
#define uint unsigned int
uchar code Tab[10]={0xc0,0xf9,0xa4,0xb0,0x99,0x92,0x82,0xf8,0x80,0x90};
sbit KEY=P1^0;
uchar ct=0;
//延时 kms 函数
void delay(uint k)
{   uint i;
    uchar j;
    for(i=0;i<k;i++)
    { for(j=0;j<125;j++)
       {;}
    }
}
//发送一个字节的数据
void Send(uchar dat)
{   SBUF=dat;         //将数据写入串行口发送缓冲器，启动发送
    while(TI==0);     //若没有发送完毕，等待
    TI=0;             //发送完毕，TI 被置"1"，需将其清零
}
//主函数
void main()
{   SCON=0x00:
    while(1)
    { if(KEY==0)
     { delay(10);//按键消抖
       if(KEY==0)
      {while(KEY==0);
        ct++;
        if(ct==8)
          {ct=0;
```

```
        }
            Send(Tab[ct]);//发送数据
        }
    }
  }
}
```

4. 运行与调试

经 Keil 软件编译通过后，可利用 Proteus 软件进行仿真。在 Proteus ISIS 编辑环境中绘制仿真电路图，将编译好的"ex8_1.hex"文件载入 Proteus ISIS 编辑环境中的 AT89C51，启动仿真，按键每按动一次，数码管上显示的数字增加一个。再将此".hex"文件下载到实验板上 AT89C51 芯片中，接通电路板电源，可看到实验板与仿真软件呈现同样的显示效果。

5. 评价标准

	考核项目	考核内容	考核标准				得分
			A	B	C	D	
学习过程（30分）	制作串行口通信的产品计数器	熟悉串行口通信的原理	10	8	6	4	
		熟练掌握单片机串行口通信的编程方法，会编写串行口驱动程序	20	16	12	8	
操作能力（40分）	电路设计	元器件布局合理、美观，符合电子产品规范	10	8	6	4	
	硬件电路绘制	熟练运用 Proteus 软件绘制电路	10	8	6	4	
	程序设计与流程	程序模块划分正确，流程图符合规范、标准，程序编写正确	10	8	6	4	
	程序调试	调试过程有步骤、有分析，编程平台使用熟练	10	8	6	4	
实践结果（30分）	系统调试	达到设计所规定的功能和技术指标	10	8	6	4	
	故障分析	对调试过程中出现的问题能分析并解决	10	8	6	4	
	综合表现	学习态度、学习纪律、团队精神、安全操作等	10	8	6	4	
总分			100	80	60	40	
教师签名		学生签名			班级		

【知识拓展】

一、串行通信基本原理

1. 串行通信与并行通信

在计算机系统中，CPU 和外部有两种通信方式：并行通信和串行通信。并行通信，即数据的各位同时传送；串行通信，即数据一位一位地顺序传送。图 8-7 为这两种通信方式的示意图。

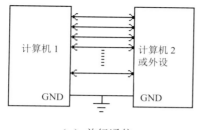 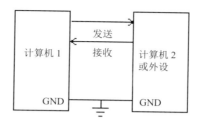

（a）并行通信　　　　　　　　　　（b）串行通信

图 8-7　两种通信方式

前面章节所涉及的数据传送都为并行方式，如主机与存储器，主机与键盘、显示器之间等。上述两种基本通信方式比较起来，串行通信能够节省传输线，特别是数据位数很多和传输距离较远时，这一优点更为突出；其主要缺点是传送速度比并行通信要慢。

小知识

　　问：串行通信与并行通信有何异同？串行和并行两种通信方式各有什么优缺点？

　　答：在并行通信中，信息传输的位数和数据位数相等；在串行通信中，数据一位一位地顺序传送。

　　并行通信速度快，传输线多，适合于近距离的数据通信，但硬件接线成本高；串行通信速度慢，但硬件成本低，传输线少，适合于长距离数据传输。

2．串行通信的制式

在串行通信中数据是在两个站之间进行传送的，按照数据传送方向，串行通信可分为单工（simplex）、半双工（half duplex）和全双工（full duplex）三种制式，图 8-8 为三种制式的示意图。

在单工制式下，通信线的一端是发送器，另一端是接收器，数据只能按照一个固定的方向传送，如图 8-8（a）所示。

在半双工制式下，系统的每个通信设备都由一个发送器和一个接收器组成，但同一时刻只能有一个站发送，一个站接收；两个方向上的数据传送不能同时进行，即只能一端发送，一端接收，其收发开关一般是由软件控制的电子开关，如图 8-8（b）所示。

全双工通信系统每端都有发送器和接收器，可以同时发送和接收，即数据可以在两个方向上同时传送，如图 8-8（c）所示。

在实际应用中，尽管多数串行通信接口电路具有全双功能，但一般情况下，只工作于半双工制式下，这种用法简单、实用。

3．串行通信的分类

按照串行数据的时钟控制方式，串行通信可分为异步通信和同步通信两类。

（1）异步通信（Asynchronous Communication）

在异步通信中，数据通常是以字符为单位组成字符帧传送的。字符帧由发送端一帧一帧地发送，每一帧数据是低位在前，高位在后，通过传输线被接收端一帧一帧接收。发送端和接收端可以由各自独立的时钟来控制数据的发送和接收，这两个时钟彼此独立，互不同步。

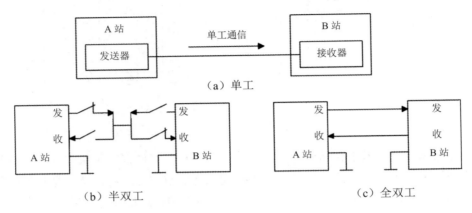

（a）单工

（b）半双工　　　　　　　　　　　　（c）全双工

图 8-8　单工、半双工和全双工三种制式

在异步通信中，接收端是依靠字符帧格式来判断发送端是何时开始发送、何时结束发送的。字符帧格式是异步通信的一个重要指标。

1）字符帧（Character Frame）

字符帧也叫数据帧，由起始位、数据位、奇偶校验位和停止位四部分组成，如图 9-3 所示。

①起始位：位于字符帧开头，只占一位，为逻辑 0 低电平，用于向接收设备表示发送端开始发送一帧信息。

②数据位：紧跟起始位之后，根据情况可取 5 位、6 位、7 位或 8 位，低位在前，高位在后。

③奇偶校验位：位于数据位之后，仅占一位，用来表征串行通信中采用奇校验还是偶校验，由用户编程决定。

④停止位：位于字符帧最后，为逻辑 1 高电平。通常可取 1 位、1.5 位或 2 位，用于向接收端表示一帧字符信息已经发送完，也为发送下一帧做准备。

在串行通信中，两相邻字符帧之间可以没有空闲位，也可以有若干空闲位，这由用户来决定。图 8-9（b）表示有 3 个空闲位的字符帧格式。

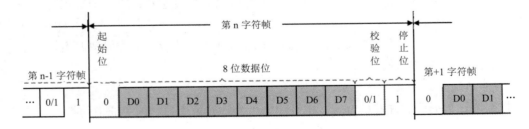

（a）无空闲位字符帧

图 8-9　异步通信的字符帧格式

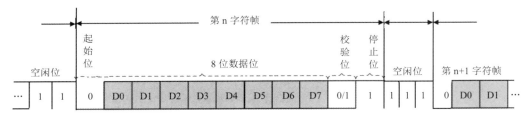

（b）有空闲位字符帧

图 8-9　异步通信的字符帧格式（续图）

小知识

为了确保传送的数据准确无误，在串行通信中，经常在传送过程中进行相应的检测，奇偶校验是常用的检测方法。

奇偶校验的工作原理：P 是特殊功能寄存器 PSW 的最低位，它的值根据累加器 A 的运算结果而变化。如果 A 中"1"的个数为偶数，则 P=0；如果为奇数，则 P=1。如果在进行串行通信时，把 A 的值（数据）和 P 的值（代表所传数据的奇偶性）同时发送，那么接收到数据后，也对数据进行一次奇偶校验。如果校验结果相符（校验后 P=0，而传送过来的校验位也等于 0；或者校验后 P=1，而传送过来的校验位也等于 1），就认为接收到的数据是正确的，反之，则是错误的。

异步通信在发送字符时，数据位和停止位之间可以有 1 位奇偶校验位。

2）波特率（Baud Rate）

异步通信的另一个重要指标为波特率。

波特率为每秒钟传送二进制数码的位数，也称比特数，单位为 b/s（位/秒）。波特率用于表示数据传输的速度，波特率越高，数据传输的速度越快。通常，异步通信的波特率为 50～19200b/s。波特率和字符的实际传输速率不一样，波特率为每秒钟传送二进制数码的位数，用于表示数据传输的速度，波特率越高，数据传输的速度越快。但波特率和字符的实际传输速率不同，字符的实际传输速率是每秒内所传字符帧的帧数，和字符帧格式有关。

（2）同步通信（Synchronous Communication）

同步通信是一种连续串行传送数据的通信方式，一次通信只传输一帧信息。这里的信息帧和异步通信的字符帧不同，通常有若干个数据字符，如图 8-10 所示。图 8-10（a）为单同步字符帧结构，图 8-10（b）为双同步字符帧结构，但它们均由同步字符、数据字符和校验字符（CRC）三部分组成。在同步通信中，同步字符可以采用统一的标准格式，也可以由用户约定。

二、串行通信常用标准接口

1. RS-232C 串行通信总线信息格式标准

RS-232C 是计算机系统中使用最早、应用最多的一种异步串行通信总线标准。它是由美国电子工业协会（EIA）于 1962 年公布、1969 年最后修订而成的。其中 RS 表示

Recommended Standard，232 是该标准的标志号，C 表示最后一次修订。

同步字符 1	数据字符 1	数据字符 2	数据字符 3		数据字符 n	CRC1	CRC2

（a）单同步字符帧格式

同步字符 1	同步字符 2	数据字符 1	数据字符 2		数据字符 n	CRC1	CRC2

（b）双同步字符帧格式

图 8-10　同步通信的字符帧格式

RS-232C 主要用来定义计算机系统的一些数据终端设备（DTE）和数据电路终接设备（DCE）之间的电气性能。例如 CRT、打印机与 CPU 的通信大都采用 RS-232C 接口，MCS-51 单片机与 PC 的通信也是采用该种类型的接口。由于 MCS-51 系列单片机本身有一个全双工的串行接口，因此该系列单片机用 RS-232 串行接口总线非常方便。

RS-232C 采用串行格式，字符帧格式参见图 8-10。该标准规定：数据帧的开始为起始位，数据本身可以是 5、6、7 或 8 位，1 位奇偶校验位，最后为停止位。数据帧之间用"1"，表示空闲位。

2. RS-232C 电平转换

RS-232C 的电气标准采用下面的负逻辑。

逻辑"0"：+5～+15V

逻辑"1"：-5～-15V

因此，RS-232C 不能和 TTL 电平直接相连，否则将使 TTL 电路烧坏，实际应用时必须注意。RS-232C 和 TTL 电平之间必须进行电平转换，可采用德州仪器公司（TI）推出的电平转换集成电路 MAX232，图 8-11 为 MAX232 的引脚图。

3. RS-232C 总线规定

RS-232C 标准总线为 25 根，可采用标准的 DB-25 和 DB-9 的 D 型插头。目前计算机上只保留了两个 DB-9 插头，作为提供多功能 I/O 卡或主板上 COM1 和 COM2 两个串行接口的连接器。DB-9 连接器各引脚的排列如图 8-12 所示，各引脚定义如表 8-4 所示。

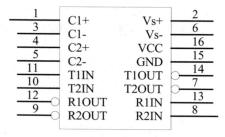

图 8-11　MAX232 连接器的引脚

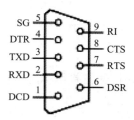

图 8-12　DB-9 连接器的引脚

表 8-4　DB-9 连接器各引脚定义

引脚	名称	功能	引脚	名称	功能
1	DCD	载波检测	6	DSR	数据准备完成
2	RXD	发送数据	7	RTS	发送请求
3	TXD	接收数据	8	CTS	发送清除
4	DTR	数据终端准备完成	9	RI	振铃指示
5	SG（GND）	信号地线			

在简单的 RS-232C 标准串行通信中，仅连接发送数据（2）、接收数据（3）和信号地（5）三个引脚即可。

项目小结

51 单片机有一个全双工的串行口，它既能用于网络通信，也能实现串行异步通信，还能作为同步移位寄存器使用，应用非常灵活。通过产品计数器电路设计及制作，让读者掌握串行口特殊功能寄存器使用及四种工作方式选择，为今后应用单片机处理相关问题奠定基础。

思考与练习

一、单项选择题

1. 串行口是单片机的（　　）。
   A．内部资源　　　B．外部资源　　　C．输入设备　　　D．输出设备
2. MCS-51 系列单片机的串行口是（　　）。
   A．单工　　　　　B．全双工　　　　C．半双工　　　　D．并行口
3. 表示串行数据传输速度的指标为（　　）。
   A．USART　　　　B．UART　　　　C．字符帧　　　　D．波特率
4. 单片机和 PC 接口时，往往要采用 RS-232 接口，其主要作用是（　　）。
   A．提高传输距离　　　　　　　B．提高传输速度
   C．进行电平转换　　　　　　　D．提高驱动能力
5. 单片机输出信号为（　　）电平。
   A．RS-232C　　　B．TTL　　　　C．RS-449　　　D．RS-232
6. 串行口的控制寄存器为（　　）。
   A．SMOD　　　　B．SCON　　　C．SBUF　　　D．PCON
7. 当采用中断方式进行串行数据的发送时，发送完一帧数据后，TI 标志要（　　）。
   A．自动清零　　　B．硬件清零　　　C．软件清零　　　D．软、硬件清零均可

8. 当采用定时器 1 作为串行口波特率发生器使用时，通常定时器工作在方式（　　）。

    A. 0　　　　　　　　B. 1　　　　　　　　C. 2　　　　　　　　D. 3

9. 当设置串行口工作方式 2 时，采用（　　）指令。

    A. SCON=0x80　　　　　　　　　　B. PCON=0x80

    C. SCON=0x10　　　　　　　　　　D. PCON=0x10

10. 串行口工作在方式 0 时，其波特率（　　）。

    A. 取决于定时器 1 的溢出率

    B. 取决于 PCON 中的 SMOD 位

    C. 取决于时钟频率

    D. 取决于 PCON 中的 SMOD 位和定时器 1 的溢出率

11. 串行口工作在方式 1 时，其波特率（　　）。

    A. 取决于定时器 1 的溢出率

    B. 取决于 PCON 中的 SMOD 位

    C. 取决于时钟频率

    D. 取决于 PCON 中的 SMOD 位和定时器 1 的溢出率

12. 串行口的发送数据和接收数据为（　　）。

    A. TXD 和 RXD　　　　　　　　　　B. TI 和 RI

    C. TB8 和 RB8　　　　　　　　　　D. REN

二、问答题

1. 什么是串行异步通信？有哪几种帧格式？

2. 定时器 1 做串行口波特率发生器时，为什么采用方式 2？

三、编程题

1. 利用串行口设计 4 位静态 LED 显示，画出电路图并编写程序，要求 4 位 LED 每隔 1s 交替显示"1234"和"5678"。

2. 编程实现甲乙两个单片机进行点对点通信，甲机每隔 1s 发送一次"A"字符，乙机接收以后，在 LCD 上能够显示出来。

参考文献

[1]　王静霞．单片机应用技术[M]．北京：电子工业出版社，2009．

[2]　吴孝慧等．单片机应用技能与实训[M]．北京：清华大学出版社，2014．

[3]　Peter Van Der Linden，徐波译．C 专家编程[M]．北京：人民邮电出版社，2008．

[4]　彭伟．单片机 C 语言程序设计实训 100 例——基于 8051+PROTEUS 仿真[M]．北京：电子工业出版社，2009．

[5]　张景璐等．51 单片机项目教程[M]．北京：人民邮电出版社，2010．

[6]　张永格等．单片机 C 语言应用技术与实践[M]．北京：北京交通大学出版社，2011．